飞出地球

从天宫课堂
到祝融探火

刘玉柱　俞文杰　周卓彦

金　鑫　陈子昂　叶延鹏　著

蔡玉垚　刘欣瑶　朱隽仪

时代出版传媒股份有限公司
安徽科学技术出版社

图书在版编目(CIP)数据

飞出地球:从天宫课堂到祝融探火 / 刘玉柱等著.
--合肥:安徽科学技术出版社,2024.4
ISBN 978-7-5337-8924-4

Ⅰ.①飞…　Ⅱ.①刘…　Ⅲ.①航空-青少年读物
Ⅳ.①V2-49

中国国家版本馆 CIP 数据核字(2024)第 017980 号

飞出地球:从天宫课堂到祝融探火　　　　　　　　　　　刘玉柱 等　著

出 版 人:王筱文　　选题策划:余登兵 吴 夙　　责任编辑:吴 夙
责任校对:程 苗　　责任印制:李伦洲　　　　　装帧设计:王 艳
出版发行:安徽科学技术出版社　　　　http://www.ahstp.net
　　　　　(合肥市政务文化新区翡翠路 1118 号出版传媒广场,邮编:230071)
　　　　　电话:(0551)63533330
印　　制:合肥创新印务有限公司　　电话:(0551)64321190
(如发现印装质量问题,影响阅读,请与印刷厂商联系调换)

开本:720×1010　1/16　　　印张:9.75　插页 4　　字数:128 千
版次:2024 年 4 月第 1 版　　2024 年 4 月第 1 次印刷

ISBN 978-7-5337-8924-4　　　　　　　　　　　　　定价:48.00 元

一群仰望星空的人，透过高悬于穹顶之上的星辰，看到了中华民族的梦想与希望。致敬中国航天人！

长征火箭一飞冲天，液态氢涌动的是千年的希冀，橘色火焰象征着追逐梦想的勇气，在呼啸而来的轰鸣声中，到浩瀚无边的太空中去！航天梦，我们的征途是星辰大海。

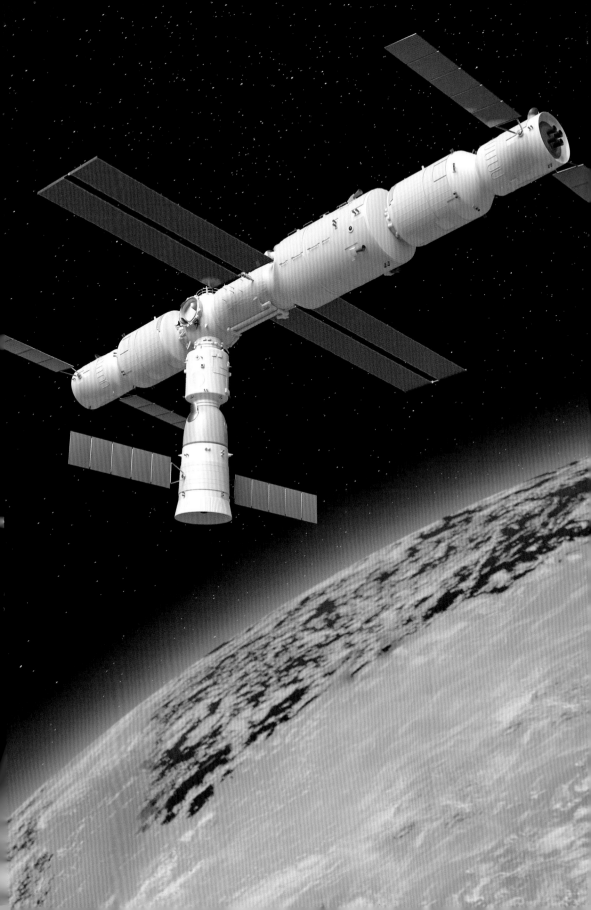

从约 400 千米高度的中国空间站核心舱出发，一个小小的人类飞行器向着蓝色地球回归，划出壮丽的弧线。中华民族的千年飞天梦，今朝终圆梦！

星星从尘雾中诞生，眨着眼睛，诉说着自己的神秘。它们散落在宇宙之中，将我们和宇宙联系在一起。加油吧，少年，成为自己的探险家，宇宙在等你！

前　言

　　太空科学探索长期以来都是人类关注和研究的重点。随着航天技术的不断进步,人类对宇宙的认识和探索取得突破性进展,同时也为理论物理的进步带来了巨大的推动力。近年来,世界各国都在不断加强太空科学探索,同时辅以相应的科普宣传。太空科学探索的科普事业旨在向公众普及和传播太空科学探索的知识、理念和精神,提高公众的科学素养和对太空探索的兴趣、参与度,为航天事业的发展提供人才支持和社会支持。这对太空科学探索事业有着极其重要的意义。

　　我国太空授课始于2013年6月20日,神舟十号航天员王亚平在航天员聂海胜、张晓光的协助下为全国6 000多万中小学生进行了首次太空授课,并以视频通话的形式与地面课堂师生进行了互动交流。2021年12月9日,我国首个太空科普教育品牌"天宫课堂"正式推出,并迅速成为中国科普的国家级知名品牌,截至2023年9月,"天宫课堂"已成功开展四次。2021年12月9日,"天宫课堂"第一课正式开讲,神舟十三号航天员翟志刚、王亚平、叶光富在中国空间站为广大青少年带来了一场精彩的太空科普课。2022年3月23日,神舟十三号航天员翟志刚、王亚平、叶光富

再次相互配合进行"天宫课堂"第二课的讲授。2022年10月12日,"天宫课堂"第三课开讲,神舟十四号航天员陈冬、刘洋、蔡旭哲化身"太空教师"在新"教室"问天实验舱内进行授课。2023年9月21日,神舟十六号航天员景海鹏、朱杨柱、桂海潮在梦天实验舱内给全国青少年带来"天宫课堂"第四课。

为了响应国家号召,针对太空科学探索的科普传播难、见效慢、供需不匹配问题,本书围绕科普天宫空间站及宇宙中的理论物理知识这一核心目标,以"天宫课堂"授课内容为基础,对其蕴含的科学原理进行权威、科学和通俗的解读,通过一问一答的方式进行科学原理的拓展延伸。同时,书中借助"知识链接"的形式与义务教育,甚至普通高中相关学科课程标准中的基础知识产生联系,使青少年在提升学习能力的同时提升科学素养。

本书着重介绍了中国空间站建造和在轨运营中开展的太空科普教育活动,其中包括一系列生动有趣的实验,以及航天员在太空中的生活、工作场景。此外,本书还涉及我国未来太空探索内容,借助火星探测和以《流浪地球》为代表的太空科幻电影两大视角,探索青少年太空科普教育,同时通过对中国航天科技发展和科学事业的介绍,树立青少年正确的价值观,激发其民族自豪感和爱国情怀,在青少年心中播下"科学与文明"的种子。

本书的创作体现出三个方面的鲜明特色。

一是呈现形式新。"天宫课堂"不只是自上而下的单向讲解和演示实验,同时包括了有问有答的双向互动。本书从"天宫课堂"

中涉及的实验出发,对其中的物理、化学、生物等多学科的科学原理进行阐释。

二是科普立意新。"天宫课堂"中的实验效果震撼,学生看后兴趣盎然,能激发其探索求知的欲望。本书在回顾实验的同时,通过"知识链接"与相关学科课程标准中的基础知识建立联系,为青少年读者的科学兴趣注入知识滋养。

三是内容编写新。为丰富本书内容,我们还把时下热门的火星探测和我国优秀的科幻电影《流浪地球》中的一些内容引入书中,详细解读其中的一些科学知识。

习近平总书记曾指出,要加强国家科普能力建设,树立热爱科学、崇尚科学的社会风尚,培育具备科学家潜质、愿意献身科学研究事业的青少年群体。通过本书的撰写,我们希望能够重新思考青少年太空科普中不接地气、难以普及的问题,充分挖掘现有的科普资源,增强"天宫课堂"品牌在我国青少年太空知识文化普及中的认知度,探索出一套以"天宫课堂"国家品牌为代表的太空知识文化及相关理论物理知识的普及方法,拓展运用于世界青少年太空文化交流事业,为新时代我国培养下一代科学人才、营造社会科学氛围贡献一份力量。

最后,在本书的撰写过程中,特别要感谢江苏省科普作家协会常务副秘书长张洁老师的启发,以及《科学大众》期刊白玉磊老师的有益讨论。

目 录

引言

"荧惑,五星之一,火之精也。"春秋战国时期,古人便发现了"荧惑",即今天的火星。"天高地迥,觉宇宙之无穷",王勃俯仰天地间,发出对宇宙的感慨。王羲之云"仰观宇宙之大",毛泽东言"可上九天揽月"。从古至今,中国人对宇宙的向往从未停止过,对浩瀚星辰的探索也从未停歇过。

"嫦娥"揽月、"神舟"飞天、"祝融"探火、"羲和"逐日,一代又一代中国人披荆斩棘,砥砺前行,开辟出独属于中国人的航天事业。而今中国人巡天探宇、筑梦星辰的脚步愈发坚定,中国太空探测越走越远。

伴随着航天事业的开拓发展,越来越多的前沿科技被带上太空,中国科普需要面向更广泛的受众,"天宫课堂"就是为发挥中国空间站的综合效益而推出的首个太空科普教育品牌。"天宫课堂"结合载人飞行任务,贯穿中国空间站建造和在轨运营系列化推出,由中国航天员担任"太空教师",以青少年为主要对象,采取天地协同互动方式开展。"调皮的扳手""懒惰的水球"和"点水成冰的魔法"等,在"天宫课堂"里皆有可能,本书以"天宫课堂"为起点,为大家介绍奇妙的宇宙。

序章
神话成真：飞出地球

早在古代，我们的祖先就开始不断仰望天空，希望能对宇宙进行探索和研究。在最早的时候，人们设备落后，只能通过自然观察的方法来观测天体的运行轨迹，不断推测摸索其中的规律，甚至总结出了如今还在使用的历法。人们常常在神话和故事里面大胆想象，对太空畅想：假如可以飞天，那么可以做哪些事情？甚至文学家屈原，也曾经在他的《天问》里，对宇宙提出了很多的问题，因为不能解答，只能通过写诗来表达自己的飞天梦。

0.1 西游漫话：翻不出的手掌心

前人对于飞天的描述不胜枚举，但最广为人知的一段，便是

《西游记》中的第七回"八卦炉中逃大圣　五行山下定心猿"。

佛祖道："我与你打个赌赛：你若有本事，一筋斗打出我这右手掌中，算你赢，再不用动刀兵苦争战，就请玉帝到西方居住，把天宫让你；若不能打出手掌，你还下界为妖，再修几劫，却来争吵。"

那大圣闻言，暗笑道："这如来十分好呆！我老孙一筋斗去十万八千里。他那手掌，方圆不满一尺，如何跳不出去？"急发声道："既如此说，你可做得主张？"佛祖道："做得！做得！"伸开右手，却似个荷叶大小。那大圣收了如意棒，抖擞神威，将身一纵，站在佛祖手心里，却道声："我出去也！"你看他一路云光，无影无形去了。

《西游记》中孙悟空的速度

这个片段中,孙大圣一个筋斗云十万八千里。十万八千里等于五万四千千米。《西游记》中的第二十四回"万寿山大仙留故友　五庄观行者窃人参"有以下对话。

沙僧道:"师兄,我们到雷音有多少远?"行者道:"十万八千里,十停中还不曾走了一停哩。"八戒道:"哥啊,要走几年才得到?"行者道:"这些路,若论二位贤弟,便十来日也可到;若论我走,一日也好走五十遭,还见日色;若论师父走,莫想!莫想!"

如此一换算,筋斗云的速度约为125千米/秒,这个速度却飞不出如来的手掌心,那么孙大圣能不能飞出我们的地球呢?

知识链接——路程、位移、速度

例如某人从北京去重庆,可以选择不同的交通方式。既可以乘火车,也可以乘飞机,还可以先乘火车到武汉,然后乘轮船沿长江而上。在这几种方式中,这个人所经过的线路不同。路程是物体运动轨迹的长度,因此这个人旅行的路程也不同。但是,就位置的变动来说,无论使用什么交通工具、走过了怎样不同的路径,他总是从北京到达了西南方向、直线距离约1300千米的重庆,即位置的变化是相同的。由初位置指向末位置的有向线段能准确地描述旅行者位置的变化。只要物体的初、末位置确定,这个有向线段就是确定的,它不因路径的不同而改变。物理学中用位移来描述物

体位置的变化。而速度就是用位移与发生这段位移所用时间之比表示的。

（知识点详见人民教育出版社普通高中教科书《物理·必修·第一册》）

 课外延伸——《西游记》

作为中国古典文学中最富有想象力的作品之一，《西游记》是一部很有趣的书，鲁迅先生称之为"神魔小说"，林庚先生称之为"童心之作"。小说围绕唐僧、孙悟空、猪八戒、沙僧师徒前往西天取经的主线，写了许多降妖除魔的故事。各路神佛妖魔在天上地下、龙宫冥府、山林湖海，尽情地施展各自神通，如孙悟空就有七十二变、火眼金睛、筋斗云等超凡能力，其他神妖如猪八戒、二郎神、牛魔王、红孩儿等也都各有所长，读来令人兴趣盎然。全书故事大多情节曲折，扣人心弦，其中的大闹天宫、三打白骨精、大战红孩儿、车迟国斗法、女儿国遇难、真假美猴王、三调芭蕉扇等故事尤为精彩。

《西游记》善于塑造人物。无论是孙悟空、猪八戒、唐僧等主要人物，还是各路神佛妖魔等次要角色，都写得栩栩如生，个性鲜明，令人难忘。小说的思想内涵丰富，抛开小说的宗教外衣，对今天的青少年来说，这部小说也许更像一个励志故事：人生就要有所追求，为了实现理想而披荆斩棘,不畏任何艰难险阻,以超强的韧劲和斗志战胜一切困难,直至达到胜利的终点。

(知识点详见人民教育出版社义务教育教科书《语文·七年级·上册》)

0.2 牛顿大炮:初步理想实验

而当梦想照进现实,又将迸发出怎样奇妙的火花呢?

英国著名的物理学家、数学家牛顿在科学研究中曾注意到这样一个现象:用力掷出去的石头总会偏离掷出方向落回地面,而且掷的力量越大,石头离手的速度就越快,落地的距离就越远。于是,牛顿提出了一个"大炮"的设想。在一座高山上架起一座水平大炮,以不同的速度将炮弹水平射出去,射出速度越大,炮弹落

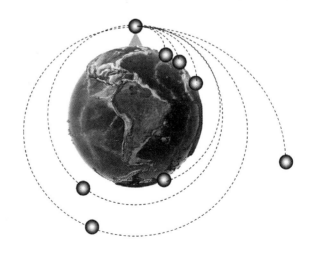

牛顿的高山大炮假说

地点就离山脚越远。当射出速度足够大时，炮弹将会如何运动呢？在1687年出版的《自然哲学的数学原理》中，牛顿提出，当抛出速度足够大时，物体就不会落回地面，成为人造地球卫星。这就是著名的"牛顿大炮"的故事。

知识链接——抛体运动、平抛运动

以一定的速度将物体抛出，在空气阻力可以忽略的情况下，物体只受重力的作用，这时的运动叫作抛体运动。

如果初速度是沿水平方向的，这样的抛体运动就叫作平抛运动。

（知识点详见人民教育出版社普通高中教科书《物理·必修·第二册》）

课外延伸——牛顿

英国科学家牛顿（1643—1727）是近代自然科学的奠基人之一。他在天文学、数学、力学等领域都有杰出贡献。万有引力定律、光学分析和微积分学是他的三大成就。1687年，

牛顿（1643—1727）

牛顿的具有划时代意义的科学巨著《自然哲学的数学原理》出版,物理学成为一门独立的学科。牛顿的科学发现,使人类对客观世界的探索向前迈进了一大步。

(知识点详见人民教育出版社义务教育教科书《世界历史·九年级·下册》)

0.3 "逃离"地球:飞到太空究竟要多快

2022年6月5日10时44分,伴随着恢宏的火焰,搭载神舟十四号载人飞船的长征二号F遥十四运载火箭在弱水河畔的酒泉卫星发射中心点火发射。约577秒后,神舟十四号载人飞船与长征二号火箭成功分离,进入预定轨道,发射任务取得圆满成功!在不到10分钟的时间里,全长约58米、重约493吨的庞然大物居然飞行了大约100千米的路程,相当于绕着400米操场跑了250圈! 火箭为什么要发射得这么快呢?

想要"逃离"地球,第一步就要使自己摆脱地球引力的控制,这样才能在太空中飞行。同学们知道,物体在做圆周运动时会有一个向心力。任何物体做圆周运动时,都需要一个力来充当向心力(同学们可以想象,用细线拴着小球在光滑水平面做匀速圆周运动,这时细线对小球的拉力就充当了向心力)。类比一下,当这个向心力完全由地球引力来提供时,我们就能不被地球引力"拉回"地面,开始环绕着地球飞行!

根据向心力和地球引力的公式，我们得出：卫星圆周运动的速度只与做圆周运动的半径和所环绕的星球质量有关，速度与半径呈负相关（半径越大，做圆周运动的速度就越小），与星球质量呈正相关。这样，我们就能计算出当卫星"贴着"地球匀速圆周飞行时的速度。这就是"第一宇宙速度"，也叫"环绕速度"。它是卫星的最小发射速度，同时也是卫星在太空绕某一中央天体做圆周运动时的最大运行速度。

发射速度，是指卫星或航天器与火箭脱离时的速度。脱离以后，卫星就没有火箭给它的"助力"了，这时卫星至少要达到第一宇宙速度，否则会因为需要的向心力小于受到的地球引力，"多出来"的地球引力就会把卫星再"拉回来"，导致卫星发射失败。因此，第一宇宙速度是卫星的最小发射速度。

那第一宇宙速度为什么还是卫星的最大运行速度呢？前面说到第一宇宙速度，它的具体数值是假设卫星"贴着"地球匀速圆周飞行时计算出来的。而做圆周运动时，速度和半径呈负相关。所以，当卫星"贴着"地球飞行时，这已经是最小的圆周半径了，所以运行速度最大；当卫星飞得越高时，它的半径就越大，速度也越小。

现在，我们就能解释开头提出的问题：火箭为什么要发射得这么快呢？当然是为了让卫星或航天器在最后与火箭脱离时至少达到第一宇宙速度。因为只有这样，才能使之顺利安全地进入太空。

那同学们知道如今身处太空的神舟十四号载人飞船的运行速度大概是多少吗?因为现在飞船与核心舱并不是"贴着"地球飞行的,而是在更高的轨道上,因此它此时的运行速度是小于第一宇宙速度的。

有同学会问:那如果速度更快,大于第一宇宙速度,卫星将怎么运动呢?

当速度大于第一宇宙速度时,卫星所需要的向心力也就越大。这时,地球引力满足不了向心力的需求,地球"拉不住"卫星了,卫星就开始"挣脱"地球。当卫星脱离了地球引力的束缚时,这时的速度称作"第二宇宙速度",又叫"脱离速度"。这时,卫星受到地球引力的影响已经很小了,主要受太阳引力的影响,开始

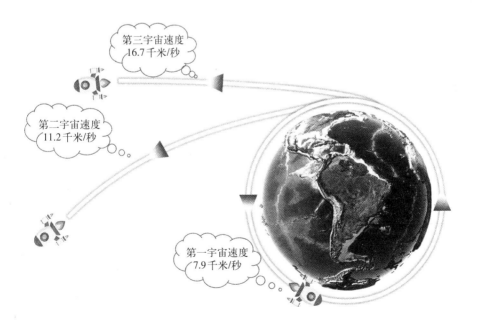

第三宇宙速度
16.7千米/秒

第二宇宙速度
11.2千米/秒

第一宇宙速度
7.9千米/秒

三类宇宙速度示意图

绕着太阳转，与八大行星一起飞行。

而我国成功发射的"天问一号"火星探测器，其飞行速度就需要大于第二宇宙速度。因为只有这样，它才能不受地球引力的干扰，飞往火星，进行着陆。在它接近火星之后，速度会降到火星的第一宇宙速度以下（前面提到宇宙速度还与星球自身质量有关，所以每个星球的宇宙速度都是不一样的），确保探测器会被火星引力给"拉过去"，然后再进行着陆。

如果绕太阳飞行已经不能满足需求的话，那么当卫星再次加速，"挣脱"太阳的"束缚"，此时卫星的速度就是"第三宇宙速度"，又称为"逃逸速度"。

这时，卫星便会脱离太阳系，进入浩瀚的银河系，"看见"无数星体，领略宇宙的广阔无垠。

知识链接——人造地球卫星

牛顿虽然早就预言了人造地球卫星，但因发射需达到很大的速度，这对于人类是一个巨大的挑战。直到多级火箭的研制成功，才为人造地球卫星的发射创造了条件。1957年10月4日，世界上第一颗人造地球卫星发射成功。1970年4月24日，我国第一颗人造地球卫星"东方红一号"发射成功，开创了中国航天史的新纪元。自首颗人造地球卫星发射后，人类已经发射了数千颗人造地球卫星,目前在轨有效运行的卫星有上千颗,其中的通信、导航、气象等卫星已极大地改变了人类的生活。

(知识点详见人民教育出版社普通高中教科书《物理·必修·第二册》)

 课外延伸——中国航天之父

钱学森于1934年从国立交通大学(现上海交通大学和西安交通大学的前身)毕业,同年10月赴美留学。1949年新中国成立时,他准备归国,直到1955年才完成艰难的归国路;1959年正式入党。1923年,钱学森考上北京师范大学附属中学。钱学森回忆说:"我们在附中上学,都感到一个问题压在心上,就是民族国家的存亡问题。我们努力学习就是为了振兴中华。"

当钱学森得知新中国成立的消息,知道中国急需科技方面的人才建设祖国时,他决定放弃在美国的优渥生活回到中国。美国政府得知此事后,在港口拦下了准备回国的钱学森及其家人,将他监禁在一个海岛上。钱学森一个月内暴瘦几十斤,身心遭受了巨大的伤害。即便如此,钱学森想要回国的脚步仍未就此停住,最后在周恩来总理的批示和帮助下,于1955年才完成了他的艰难归国之路。回国后,钱学森立即投入新中国火箭、导弹和航天器的研究开发工作。他带领着科研人员,在艰苦的条件下,克服重重困难,用4年时间

研制发射成功我国第一枚近程导弹，又用4年研制成功中近程导弹，此后又用两年时间，于1966年使我国有了导弹核武器。短短10年，我国导弹核武器得到了飞速发展，跻身于世界强国之列。

钱学森一生不忘"振兴中华"的诺言，他用一生践行了一个共产党员对祖国和人民的庄严承诺，成为中国航天科技事业的先驱和杰出代表，被誉为"中国航天之父"和"火箭之王"。

（引自学习强国）

　　1992年，党中央高瞻远瞩，做出了实施我国载人航天工程"三步走"战略的重大决策，中国载人航天工程正式拉开序幕。第一步：发射载人飞船，建成初步配套的试验性载人飞船工程，开展空间应用实验。第二步：突破航天员出舱活动技术、空间飞行器的交会对接技术，发射空间实验室，解决有一定规模、短期有人照料的空间应用问题。第三步：建造空间站，解决大规模的、长期有人照料的空间应用问题。之后在过往的尖兵系列卫星等研究基础上，神舟系列飞船相继发射成功，依次实现了单人单天、多人多天载人飞行和航天员出舱活动。2011年，美国国会正式禁止了美国国家航空航天局（NASA）与中国的技术交流和合作，但在此后中国的第一座空间实验室仍然成功进入太空，这就是天宫

一号。

1.1 前赴宇宙：天宫系列飞行器

天宫一号是中国自主研制的第一个空间实验室。2011年9月29日，长征二号F火箭成功发射，将天宫一号送入太空，其首次载人任务在2013年6月完成。它为中国空间技术的发展打下了重要的基础，是中国载人航天事业的重要组成部分。天宫一号全长10.4米，最大直径3.35米，总重量约8.5吨，由两个舱体组成，分别为实验舱和资源舱。实验舱是天宫一号的核心，它包含了人类在太空中所需的所有生活保障设施，包括饮用水、空气净化、食物、卫生间等，同时还有用于科学实验和技术测试的设备和仪器。而资源舱主要用于存放燃料和其他必要的物资，同时也包括了与地面通信和指挥的设备。

天宫一号的主要任务是进行空间实验和载人飞行，以验证中国当时航天技术的可靠性和稳定性，同时也为今后中国载人航天事业的发展提供宝贵的经验和数据。在天宫一号的任务中，有多项科学实验，涵盖材料科学、生物医学、地球科学等领域，这些实验的数据和成果将有助于人类更好地了解太空和地球的奥秘，也将为人类探索宇宙提供重要的参考和帮助。此外，天宫一号还为全球科研人员提供太空环境下的研究平台，包括太空中的微重力环境、复杂辐射环境等，这些特殊环境将帮助科学家们深入研究物质科学、生物医学、地球科学等领域,并且将有助于开发太空科技,提高人类对太空的认识。

同时,天宫一号作为我国载人航天项目的重要组成部分,成功与神舟飞船完成了自动、手动等各种方式的对接,让我国成为世界上第三个完整掌握空间交会对接技术的国家,为我国空间站建设提供了重要的技术积累和经验总结。回顾天宫一号的历程,虽然在过程中遇到了一些挑战和困难,但是经过科学家和工程师们的不懈努力,我国最终成功地实现了在太空中建立一个空间实验室的目标,为未来深空探索和空间站建设奠定了坚实的基础。

天宫一号实现了航天员们的短期驻留,却无法实现航天员的长期停留,因为它唯一的端口只能对接载人飞船,难以进行物资和推进剂的补给,于是天宫二号应运而生。除了停靠载人飞船,它还能对接货运飞船完成补给,使航天员的单次停留时间跃升到了30天之多,成功实现了中期驻留。与之对接的货运飞船由货物舱和推进舱组成,去程可运输重达6.5吨的物资设备,携带重达2吨的推进剂,为空间站"加油",回程则可销毁6吨的废弃物,运输效率堪居世界前列!

天宫二号于2016年9月15日在酒泉卫星发射中心成功发射升空,它是中国第二个空间实验室,也是中国航天领域的又一壮举。与天宫一号相比,天宫二号更加先进,能够承担更多的科学实验和技术验证任务。天宫二号总长约10.4米,最大直径约

3.35 米，整体呈圆柱体形状，重量约 8.6 吨。与天宫一号相比，天宫二号具有更大的生活空间和更多的实验模块。它由两个主要模块组成，即实验舱和资源舱。

实验舱是天宫二号的主体，主要用于科学实验和技术验证。包括一个类地球重力环境下的实验室，内部设有休息区、健身区、卫生间和实验区。实验区包括物理、化学、材料科学和生命科学实验室，可以进行多项实验研究，满足多个实验任务的需要。实验舱装备有舱外操纵装置，物理、化学、生物实验设备，地球观测设备和无线电通信设备等。

资源舱是天宫二号的"后勤部门"，包括储氧、储水、储电等，主要用于支持航天员的生活和航天任务。其中，储氧系统可以为航天员提供长达 3 个月的生命保障，储水系统可以为航天员提供 6 个月的饮用水，太阳能电池板可以为整个天宫二号提供电力支持，维持航天员的生活所需和实验设备的正常运转。

在空间科学实验方面，天宫二号可以进行多项研究，例如太阳物理学、空间生物学、材料科学等。这些研究有助于我们更深入地了解太空中的各种现象，为人类未来在太空中的探索提供更多的知识和技术支持。在技术验证方面，天宫二号可以进行多种航天技术验证和应用试验，例如航天食品技术、生命保障技术、航天医学技术等。这些技术的研发和验证，对于未来中国航天事业的发展和太空探索的实现具有重要的意义。

到这里，中国航天白手起家，历时五十多年，终于一步一个脚印地完成了载人航天技术的全面验证，一个更加完整、先进的太空空间站离我们只有一步之遥。

知识链接——*动量守恒*

物理学中将质量 m 和速度 v 的乘积定义为物体的动量，用字母表示为 $p = mv$。当一个人站在平稳的地面上时，他的动量为零。但是，当他开始奔跑时，他的动量将随着速度的增加而增加。如果一个物体碰撞另一个物体，那么它的动量将传递到另一个物体上，使其移动。同样，当一个人开车时，他需要减速才能避免发生碰撞。这时，刹车产生的摩擦力使车的动量逐渐减小，使车减速并最终停止。动量守恒定律也是动量在物理学中的一个重要概念。它表明，在没有外力或外力作用矢量合为零的情况下，系统的总动量保持不变。这意味着一个系统内如果一个物体向一个方向移动，另一个物体必须向相反的方向移动，使得系统总动量不变。

（知识点详见人民教育出版社普通高中教科书《物理·选择性必修·第一册》）

1.2 天上宫阙：中国空间站

2022年11月30日，神舟十五号载人飞船成功对接空间站组合体，中国空间站合上了全面建造完成的关键一环。经过一年多的搭建与装配，中国空间站终于全面建成，这座由天和核心舱、梦天实验舱、问天实验舱所构成的空间站，和神舟载人飞船实验舱、天舟货运飞船共同组成了一座在太空中能让人类长期停留的太空驿站。至此，我国载人航天工程的"三步走"战略已经初步实现。首次装配于1998年、服役超过20年的国际空间站如果按计划于2030年前后停止运行，那么就会使中国空间站成为未来人类在太空中唯一的空间站。

空间站如此这般宏伟工程的实现，必然有着重重考验。我国采用了"模块化"的模式，即分别发射不同的舱体，采用自主快速交会对接，像拼积木那样将空间站"拼"出来。中国空间站以天和核心舱为核心，后端对接货运飞船，前端设置节点舱，并通过机械臂，在节点舱的两侧对接梦天与问天两座实验舱，而节点舱的前端和底部可连接载人飞船，顶部则用于航天员出舱。最终形成了一个"T"形结构。

作为一座太空家园，这座空间站必须能够保证自身的安全，这座庞然大物的外部由铝合金缓冲屏和各类纤维填充层（如玄武岩纤维、凯夫拉纤维等）层层保护，以消减撞击物带来的损伤。空间站本身还能主动避让太空碎片和微流星体的撞击，并且始终将轨道固定在400千米左右的安全高度上。能做到这些，得益于安装在它舱体上的上百座推进器，天和核心舱上就有30台。传统推进器的原理和火箭推进器一样，通过燃烧推进剂产生高速喷射气流推动空间站运动。但在天和核心舱上有4台特殊的推进器，它们并不进行燃烧，而是使用线圈加速电子，轰击或电离推进剂制造出带电的离子，再在正负栅极产生的电场的加速作用下，离子以每秒10～18千米的速度喷出产生推力，发出科幻般迷人的光，这种推进器被称为"霍尔推进器"。相比传统推进器，这种推进器只需要更少的推进剂，就可以达到相同的推进效果。可以预见，未来霍尔推进器将在人类的星际航行中发挥关键的作用。

那么空间站的能源从哪里来呢？答案就在其两侧的太阳翼上。太阳翼所用的是一种利用太阳能发电的技术，基本原理是利用光电效应，通过太阳能电池板将太阳辐射能转换为电能。太阳能电池板是由多个太阳能电池单元组成的，每个单元包括一个薄片状的半导体材料。光电效应是指当光（以光子的形式）照射到金属或半导体表面时，如果光的能量大于材料表面的束缚电子的能量，那么这些电子就会被激发并从表面释放出来，形成自由电子。在太阳能电池板中，半导体材料被用来捕获光子并产生电流。太阳能电池板的表面通常涂有一层光敏材料，如硅，这些光子被吸收并激发束缚在硅中的电子，使它们变成自由电子。这些自由电子在电路中形成电流，供给我们使用。太阳能就被转化为

电能。

我国的空间站首次使用了大面积的可展收柔性太阳电池翼，天和核心舱上的太阳翼单翼展开约13米，而位于问天、梦天实验舱尾部的太阳翼规模更加庞大，单翼翼展长达27米，单套太阳翼展开面积可达138平方米，每天平均发电量超过430千瓦时。它们与双轴对日定向机构、高效能锂离子电池等一

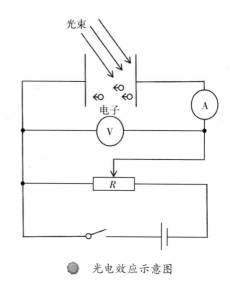

光电效应示意图

起，构成了空间站的电源系统，能够为空间站提供可靠、充足的不间断供电。双轴对日定向机构保证了太阳翼可以通过360°旋转始终面向太阳，避免受到遮挡而影响发电，还可以收回由航天员维修安装。

太阳翼产生的电力在空间站建成后可为三舱组合体提供80%的能量，例如天和核心舱内至关重要的环境控制与生命保障系统。这个系统的构成非常复杂，它要为航天员提供大气压力、呼吸所需要的氧气，还要及时去除空气中的二氧化碳，去除微量有害气体、微生物、微尘，保证良好的空气质量，控制舒适的空气温度和湿度，保障饮水、个人卫生等航天员生存的基本需要。简单地说，就是为我们的航天员在太空环境里生活和工作提供保障。空间站内部通过电解水产生氧气和氢气，又将氢气和人体呼出的二氧化碳反应重新生成水，同时还能将人体产生的尿液和水蒸气净化为可供使用的淡水。氧气、二氧化碳、饮用水、尿液和推进剂之间实现循环转化，中国空间站的氧气资源更是实现了100%的循环再生！若没有这套环境控制与生命保障系统，那么航天员每停留一个月，航天员每人至少需要200千克的物资，相应地，火箭的质量就要提高20吨左右！如此庞大的数字，那得要多少成本呀！所以倘若没有这套系统，航天员就很难实现长期驻留。

电解制氧子系统

二氧化碳去除子系统

二氧化碳还原子系统

环境控制
与
生命保障系统

微量有害气体去除子系统

水处理子系统

尿处理子系统

空间站的环境控制与生命保障系统

除此以外，天和核心舱中还配备有一个餐厅、两个健身区、一个卫生间、三个卧室，每个卧室都有一个舷窗，可以看到我们的地球家园和日月星辰。在问天实验舱里，还配备有与天和核心舱相同的卫生间、卧室、环境控制与生命保障系统，因此现在中国空间站最多可以有六名航天员同时在轨工作。

梦天、问天实验舱是专门用来进行科学实验的太空舱体，承载着重要的科学使命，它们共配有十余个科学实验柜。其中梦天

实验舱主要面向微重力科学研究,配置了流体物理、材料科学等多学科方向的实验柜,有高温材料科学实验柜、流体物理实验柜、两相系统实验柜、超冷原子物理实验柜、高精度时频实验柜、燃烧科学实验柜等,支持开展重力掩盖下的材料凝固机理等物质本质规律研究以及超冷原子物理等前沿实验研究。

这座空间站尽管质量还不到国际空间站的一半,但拥有更高的空间利用效率和供电效率,未来也会更创新性地与巡天号光学舱共轨飞行。巡天号光学舱拥有口径达2米的望远镜,这座望远镜不仅拥有媲美哈勃望远镜的分辨率,还可以"巡天查地",支持多功能光学设施开展巡天和对地观测;需要时可与空间站主体对接,开展推进剂补加、设备维护和载荷设备升级等活动。宇宙的整体研究是巡天号光学舱的核心研究课题之一。未来,巡天号拍摄的高清晰星系图像和高质量光谱信息将便于天文学家研究星系本身在宇宙中的演化,星系如何诞生,如何获得多姿多彩的形态,如何孕育恒星,如何在中心形成超大质量黑洞,如何走向演化的暮年。巡天号光学舱可以为地面上的科学家提供关于宇宙引力透镜和星系的研究资料。星系位置分布的信息中也同样包含着重要的宇宙结构和宇宙演化信息。天文学家将会把不同的分析手段交织在一起,继而在更高的精度上研究宇宙的本质!

知识链接——反冲

　　为什么火箭发射升空的时候下面会燃烧着照亮天空的熊熊火焰,火箭是怎么飞上天的呢? 相信大家都干过这样一件事:把气球吹大然后把吹气口松开,气球会到处乱飞,这是因为气球内部气压大,气球内部的气体会冲出来,同时把气球往反方向"推"。如果人站在滑板上,推一下别人,那自己就会朝反方向滑动。这可以用动量守恒来解释。动量守恒定律指出,在一个系统内,当没有外力作用时,系统的总动量保持不变。火箭和喷气飞机都是利用这个定律来实现运动的。实验表明,如果一个系统不受外力,或者所受外力的矢量合为零,那么这个系统的总动量保持不变。

　　火箭底部喷射燃料时,产生的火焰和废气向下喷出,按照牛顿第三定律,同时会产生一个与喷气方向相反的作用力(称为反冲力)向上作用。这个反冲力就是由火箭喷出物质的动量所产生的。按照动量守恒定律,整个系统的总动量保持不变。所以火箭喷出物质的动量和火箭获得的动量方向相反,两者的代数和为零。因此,火箭底部不断喷出燃料,产生的反冲力推动火箭向上移动,火箭的速度也在不断增大。

　　(知识点详见人民教育出版社普通高中教科书《物理·选择性必修·第一册》)

1.3 天外来师：天宫课堂授课老师

当我们想到太空探索时，经常会想到"天宫课堂"里为我们传道授业的"太空教师"们。作为中国的航天员，他们不仅在太空中执行任务，也致力于为地面的学生进行天宫课堂的授课，带来许多有趣好玩的知识分享，因此他们深受学生们的喜爱。"太空教师"们的授课内容不仅涵盖了航天知识，还包括生命科学、物理学等多个学科，让学生们获得了全面的科学知识和启示。在他们的授课中，学生们可以感受到科学的魅力和航天事业的伟大，也在航天员老师们的身上看到了追梦和坚持的力量。让我们来认识一下他们吧！

翟志刚：中国人民解放军航天员大队特级航天员，少将军衔。中国第一批航天员，在执行神舟七号飞行任务中成为历史上第一位出舱活动的中国人。曾任空军某中心飞行教员，安全飞行950小时，被评为空军一级飞行员。被中共中央、国务院、中央军委授予"航天英雄"荣誉称号，获"航天功勋奖章"，多次参与航空航天飞行任务。

王亚平：中国人民解放军航天员大队特级航天员，大校军衔。中国第二位执行航天飞行任务的女航天员，在执行神舟十号飞天任务中成为中国首位"太空教师"。2021年10月14日，被确定执行神舟十三号载人飞行任务，成为中国空间站首位女航天员、中国首位太空漫步的女航天员、首位两次飞天的中国女航天员。被中共中央、国务院、中央军委授予"英雄航天员"荣誉称号,获"二级航天功勋奖章"。

叶光富:中国人民解放军航天员大队二级航天员,大校军衔。曾任空军航空兵某师某团司令部作战训练股空战射击主任,共有1 100小时战斗机飞行经历,被评为空军一级飞行员。2010年,入选为中国第二批航天员。2019年12月,入选神舟十三号飞行任务乘组,成功进入中国空间站。被中共中央、国务院、中央军委授予"英雄航天员"荣誉称号,获"三级航天功勋奖章"。

陈冬:中国人民解放军航天员大队特级航天员,大校军衔。2001年,获得歼击机飞行与指挥专业毕业证书,进入驻扎在浙江嘉兴的空军某团。2010年,正式加入航天员大队。2016年10月17日至11月18日,与景海鹏一起执行神舟十一号飞行任务。2022年,参与神舟十四号飞行任务。被中共中央、国务院、中央军委授予"英雄航天员"荣誉称号,获"三级航天功勋奖章"。

刘洋:中国人民解放军航天员大队特级航天员,大校军衔。曾任空军某师某团某飞行大队副大队长,被评为空军二级飞行员。2010年,入选为中国第二批航天员。2012年6月,执行神舟九号载人飞行任务,是中国第一位进入太空的女航天员。被中共中央、国务院、中央军委授予"英雄航天员"荣誉称号,获"三级航天功勋奖章"。

蔡旭哲:中国人民解放军航天员大队二级航天员,大校军

衔。曾任空军某训练基地某团某飞行大队副大队长,被评为空军一级飞行员。2010年,入选为中国第二批航天员。2022年,入选神舟十四号载人飞行任务乘组。被中共中央、国务院、中央军委授予"英雄航天员"荣誉称号,获"三级航天功勋奖章"。

景海鹏:中国人民解放军航天员大队特级航天员,少将军衔。曾任陆军某部队副部队长,航天员大队大队长、载人航天工程航天员系统副总指挥。先后圆满执行神舟七号载人飞行任务、天宫一号与神舟九号载人交会对接任务、天宫二号与神舟十一号载人飞行任务、神舟十六号载人飞行任务,成就了四巡苍穹的中国奇迹。被中共中央、国务院、中央军委授予"英雄航天员"荣誉称号,获"航天功勋奖章"。

朱杨柱:中国人民解放军航天员大队四级航天员,上校军衔。曾任战略支援部队航天工程大学副教授。2020年9月,作为航天飞行工程师入选为中国第三批航天员。2022年6月,入选神舟十六号载人飞行任务乘组。朱杨柱是国防科技大学培养的首位博士航天员,也是中国首位非飞行员出身的职业航天员。2023年7月,成为中国首个出舱活动的航天飞行工程师。

桂海潮:2005年,考入北京航空航天大学宇航学院,就读于飞行器设计与工程专业。2014年7月至2016年7月,在加拿大约克大学地球空间科学与工程系从事博士后研究,研究复杂航天器的姿态轨道一体化控制技术。2016年7月至2017年8月,在加拿大瑞尔森大学航空航天工程系从事博士后研究,研究小天体探测和航天器运动高精度估计技术。2017年9月,入选北京航空航天大学"卓越百人"青年人才引进计划,进入北京航空航天大学宇航学院从事教学科研工作;同年12月,入选北京航空航天大学"青年拔尖人才支持计划"。2020年9月,成为第三批18位预备航天员中的4名载荷专家之一,也是唯一来自高校的载荷专家。2022年6月,入选神舟十六号飞行乘组。

(以上信息来自中国政府网、央视网、央视新闻、人民日报、中国载人航天网等报道)

知识链接——重力的影响

　　为什么航天员们在进入太空之前都要经过模拟失重训练呢?在太空中航天员们一般处于的是微重力环境。在我们人类长期进化的过程中,人体一直适应着地球上的重力环境,人的骨骼、肌肉和心血管等系统都是为了适应地球上的重力而演化出来的。当人处于失重环境下时,肌肉不需要克服重力而做功,肌肉的功能就逐渐退化,引起肌肉的"废用性"变化,肌肉量和骨密度会大幅度下降。

　　此外,在失重环境下,人体的血液和体液会重新分布。因为没有重力的作用,人体内的液体会流向头部,导致头晕、恶心、呕吐等症状。同时,人体的心血管系统也会受到影响,心脏不再需要克服地心引力来将血

液输送到全身各处，而是需要不断地适应改变的身体姿势和流动方向，这会对心血管系统造成很大的压力。

因此，虽然失重看起来非常有趣，但长期处于失重环境下，会对人体的健康带来很多负面影响。科学家们正在研究如何在太空环境下维持人体的健康，以便未来的太空探险任务能够更加安全、健康地进行。

 课外延伸——《太空一日》

"从载人飞船上看到的地球，并非呈现球状，而只是一段弧。因为地球的半径有6 000多千米，而飞船飞行的轨道距离地面的高度是343千米左右。我们平常在地理书上看到的球形地球照片，是由飞行轨道更高的同步卫星拍摄而来的。

"在太空中，我可以准确判断各大洲和各个国家的方位。因为飞船有预定的飞行轨道，可以实时标示飞船走到哪个位置，投影到地球上是哪一点，有图可依，一目了然。即使不借助仪器和地图，以我们航天课程中学到的知识，从山脉的轮廓、海岸线的走向以及河流的形状，我也基本可以判断出飞船正经过哪个洲的上空，正在经过哪个国家。

"经过亚洲，特别是到中国上空时，我就仔细辨别大概到哪个省了，正从哪个地区的上空飞过。飞船飞行的速度比较快,经过某省、某地乃至中国上空的时间都很短,每一次飞过后,我的内心都期待着下一次。我曾俯瞰我们的首都北京,白天它是燕山山脉边的一片灰白色,分辨不清,夜晚则呈现一片红晕,那里有我的战友和亲人。"

2003年10月15日北京时间9时,我国首位执行载人航天飞行任务的航天员杨利伟乘由长征二号F火箭运载的神舟五号飞船首次进入太空,成为中国太空事业的里程碑。杨利伟对自己的经历做了全面和详尽的描述,出自他手的《太空一日》,文字平实,讲述了作者对于进入太空14个昼夜的所经、所历、所见、所感,道出了航天人经年累月的赤诚奉献。"特别能吃苦、特别能战斗、特别能攻关、特别能奉献"是中国载人航天精神的内涵,更是无数航天人践行的报国信念。

（知识点详见人民教育出版社义务教育教科书《语文·七年级·下册》）

第 2 章
首次太空授课

在人类探索太空的历史上有许多非同寻常的事件,现在给大家讲述一个关于太空授课的故事。它发生在美国,经历了多年的发展和变化,最终成了一个令人感到亲切而深刻的故事。这个故事涉及两位著名的老师和一次令人难忘的太空授课。那么,这个故事是怎样的呢?

2.1 伟大尝试:世界上首次太空授课

我们要追溯到20世纪80年代初期,当时美国正处在太空探索的热潮中。在这个充满激情和机遇的时代,NASA(美国国家航空航天局)开始积极地实施太空授课计划,希望能够将科学知识

普及到更广泛的群体中。1984年，NASA宣布在全国范围内挑选一名优秀的中小学教师，这位教师将飞往太空，并进行人类的第一次"太空授课"。在这个过程中，他们邀请了一些著名的教育家和科学家参与其中，并提供技术支持和课程培训。但是，在人类第一次将一位老师送上太空之前，太空授课还是一个充满未知和挑战的领域。

在当时，全美国一共有一万多名教师报名并参与了选拔，经过层层严格筛选，克里斯塔·麦考利夫最终脱颖而出，幸运地成为一名航天员，也是世界上第一位太空教师。1986年1月28日，在佛罗里达州肯尼迪航天中心她与其他六名航天员一起登上了挑战者号航天飞机，开始她的太空之旅。当天，NASA公布了克里斯塔·麦考利夫即将登上太空进行太空授课的消息，全美有许多学生都在观看发射直播。在发射前的准备阶段，工作人员忙碌地检查每一个环节，确保所有系统都处于最佳状态。当时的天气寒冷，发射前，NASA的工程师们曾发现航天飞机的助推器密封圈因低温出现了问题，可能会导致气体泄漏。然而，NASA领导人决定进行发射。

观众们聚集在发射场附近，期待着这一刻的到来。随着倒计时的进行，紧张的气氛越来越浓。最后的十秒钟仿佛变得异常漫长，每一秒钟都让人心跳加速。最终，火箭发动机点燃，在震耳欲聋的轰鸣声中，巨大的火焰喷射出来，将整个发射场照得通亮。发射台周围的人们聚集在一起，观看着航天飞机缓缓地升空。在发射一开始时,挑战者号航天飞机看起来很正常,但不久后,异常情况出现了。在发射后第73秒,右侧固体燃料火箭助推器发生了失控,航天飞机爆炸。在爆炸发生后的短暂时间里,人们可以看到一团明亮的火球和一片烟雾,飞船的残骸四散飘落。

当航天飞机发生爆炸后,现场的观众和工作人员立刻陷入了混乱和恐慌之中,一时间无法相信眼前所发生的事情。而更多的人则在那一瞬间感受到了极度的悲痛和失落。

航天局和政府机构立刻成立了调查小组,对这次事故进行了详细的调查和分析。他们发现,原因并不是简单的机械故障或人为失误,而是右侧固体火箭助推器的O形环密封圈失效。这个结果引发了全美的担忧和质疑,人们开始重新审视航天计划的安全性和可靠性。这次事故对美国的航天计划产生了深远的影响。之后的一段时间里,航天局暂停了所有的航天计划,并对整个计划进行了全面的审查和改革。许多航天计划的实施被推迟,一些甚至被取消了。此外,这场事故也让世界人民深刻认识到了太空探索的风险和代价。

在当时全美选拔教师时,芭芭拉·摩根被选为克里斯塔·麦考利夫的替补,在"挑战者号"发生事故时,她正在航天中心休息待命,目睹了这场悲剧的全过程。但是,芭芭拉·摩根并没有放弃她的梦想,她继续训练,并在之后的多次太空任务中担任飞行员和指令长。在挑战者号航天飞机爆炸事件后,NASA暂停了航天飞机的飞行。经过长时间的改进,NASA终于在1992年恢复了航天

飞机的飞行,并邀请芭芭拉·摩根成为哥伦比亚号航天飞机飞行任务的备选航天员。然而,由于哥伦比亚号任务的特殊要求,芭芭拉·摩根最终没有进入航天员名单,而是作为飞行教育家在地面提供支持。经过多年的筹备和训练,在2007年,芭芭拉·摩根才终于有机会成为一名航天员,以STS-118任务专家身份,搭乘奋进号航天飞机进入太空。

芭芭拉·摩根在太空期间开展了多项科学实验,并在太空站上向地球上的学生进行了两次教学直播。芭芭拉·摩根向学生们演示了一些日常生活中看似简单却需要科学原理支持的事情,例如洗头、洗手、洗脸等,还演示了水珠在太空环境中的行为。她还回答了学生们事先准备好的问题,让孩子们能够更好地理解太空科学。

芭芭拉·摩根的太空之旅也启发了更多的教育工作者和学生,她成了太空授课计划的代表之一。太空授课吸引了全球的学生和教育工作者的关注,鼓励他们更加关注科学和太空探索,并激励更多人投身于太空探索事业中。

天宫
问答

问：　　　航天员在太空中要生活较长时间,那么航天员会采取哪些措施来应对失重环境对身体的不利影响?

聂海胜老师：在太空中，航天员会遇到失重、噪声、狭小密闭环境

等不利因素的影响，失重会造成人体心血管失调、肌

肉萎缩、骨丢失等。为了有效对抗失重，我们通常采

用体育锻炼、药物和让体液重新分布等方法来进行

防护。我们也从地面上带来了不少的设备，例如企

鹅服、拉力器、自行车功量计等。我们在太空授课时

用的小讲台，其实就是自行车功量计改装的，我们重

新改装后，就成了用于体育锻炼的太空自行车。

知识链接——传感器

进入酒店的时候酒店的自动门会自动打开，测量
温度的时候可以使用非接触式的温度测量计，楼道里
有火灾自动报警装置，这些都是利用了一些特定的传
感器。在宇宙飞船上有着各种各样的仪器，传感器就
是其中的重要组成部分。传感器的基本原理就是将非
电学物理量转换成易于测量的电学物理量。

例如，话筒是一种将声学物理量转换为电学物理
量的传感器。话筒的振动膜片上涂有薄薄的一层金属
层，膜后相距几十微米有一个金属片（固定电极），声波
使膜片发生振动，振动的膜片感受到声音信号的变化，
与金属片组成的电容作为转换元件，将声音信号的变
化转换为电容的变化，从而带动电压的变化，最后经过

处理就转换完成了。

再如,在需要测量温度时可以使用热敏电阻。热敏电阻是一种电阻阻值随着温度变化而变化的电阻,周围环境温度的变化,带来电阻的变化,从而改变电压,因此我们就可以知道周围环境温度大概是多少了。

(知识点详见人民教育出版社普通高中教科书《物理·必修·第二册》)

 课外延伸——美苏太空竞赛

第二次世界大战结束后,美苏两国就拉开了以导弹为主的太空竞赛帷幕。太空竞赛所建立的技术优势不仅能带来至高无上的地位,还可以保障国家安全,也是意识形态先进的象征。太空竞赛取得了开拓性的成果,如向月球、金星、火星发射人造卫星,无人驾驶空间探测器,以及向近地轨道和月球发射载人飞船。1957年,苏联成功发射世界上第一颗人造地球卫星。1961年,苏联宇航员尤里·加加林乘坐世界上第一艘载人宇宙飞船东方1号进入太空,后安全返回地面,为世界载人航天事业的发展作出了重要贡献。1958年,美国建立了首个卫星导航系统;1969年7月21日,美国阿波罗11号实现了人类登月,也标志着太空竞赛达到顶峰。

(知识点详见人民教育出版社义务教育教科书《世界历史·九年级·下册》)

2.2 中国身影：中国首次太空授课

在浩瀚无垠的宇宙之中,太空始终是一个充满神秘和未知的地方。即使在如今科技高度发达的时代,对于宇宙的探索也仍然是人类不断追求的梦想。然而,在这片宏大的天地中,每一次探索的背后都会有无数的挑战和风险。正如不幸的挑战者号所经历的那样,人类探索宇宙的路途上充满坎坷和磨难。但正是这样的坎坷和磨难,让人们不断向前,不断探索更深层次的奥秘。在这漫长而壮阔的路途中,每一个人都有着自己的故事,每一个故事都是一颗闪耀着勇气和智慧的星星,照亮着我们前行的路程。

2013年,中国航天员王亚平老师带着她的梦想和热情,成为第一个在太空中进行科普教育的中国人。她的故事,也是一颗闪亮的星星,在宇宙中闪耀着属于中国的光芒。在进行太空授课之前,王亚平需要经历一系列的训练和准备。作为一名航天员,王亚平需要接受长时间的太空飞行和科学实验的训练,包括零重力环境下的身体适应性训练、空间工具的操作、紧急事件处理和空间实验的技能培训等。此外,她还需要掌握丰富的太空科学知识。在太空中,王亚平和她的同事们进行了充分的准备。他们带上了一些科学实验设备,这些设备都是为了让学生们能更好地了解太空、了解科学。这堂课由王亚平老师作为主讲,聂海胜作为指令长,张晓光作为摄像师。

天宫一号中,在完成了所有的准备工作后,王亚平终于迎来了她在太空中授课的时刻。她打开了摄像头,面向地球,开始了她的授课。虽然她的声音被太空环境所压制,但她的表情和动作能够传达出她对科学的热爱和对教育的责任感。那么,这场太空授课到底讲了些什么呢？接下来,就让我们一起来了解一下吧。

首先,王亚平老师询问地面上的同学们,大家平时如何测量一个物体的质量呢？同学们踊跃回答,可以用弹簧测力计,可以用天平,可以模仿古人如曹冲称象,等等。但是在太空中由于失重,这些方法似乎都失效了,那么宇航员要怎么才能知道物体的质量,知道自己是胖了还是瘦了呢？

王亚平老师从天宫一号的舱壁上打开一个支架形状的装置——质量测量仪,聂海胜老师把自己固定在支架一端,王亚平老师轻轻拉开支架,一放手,支架便在弹簧的作用下回复原位,聂海胜老师一下子就被仪器拉到一边。指令长的质量是多少呢？旁边的显示器上马上就显示出了聂海胜老师的体重:"74 kg"。原来在太空中测量质量需要使用一种特殊的质量测量仪。根据牛顿第二定律,物体受到的合外力等于物体的质量乘上物体的加速度,即 $F=ma$。如果我们知道受到的合外力和加速度,就可以计算出质量了呀！因此工程师们设计了一个弹簧凸轮装置,这个装置能够产生特定大小的力,之后再配合光栅测速系统准确地测出加速度,这样我们就知道质量是多少了。

接着王亚平老师拿出了一个单摆装置,一根细绳将小球连接到了支架上。如果在地面上给单摆一个力,单摆会做简谐运动。在太空中小球处于失重状态,还会这样运动吗?由于失去了重力作为回复力的影响,无论王亚平老师将小球放在什么高度,小球都不会做简谐运动。王亚平老师轻轻地推了一下小球,施加了一个力,小球竟然一直在做往返的圆周运动。这是因为在地面上如果要做圆周运动,要有足够的速度或者力支持向心力,但在太空中没有了重力的影响,一点小小的力让小球有一个很小的初速度即可以支撑小球绕摆轴进行圆周运动,因此很容易地实现了圆周运动,但在地面上却需要很大的初速度才能实现小球做圆周运动。

天宫问答

问: 在太空实验中用到的水是从地面带上去的还是循环再生的,之后这些水还能回收再利用吗?

聂海胜老师:天宫一号上使用的水都是从地面上带来的,太空中资源的循环和利用是非常重要且有价值的,需要有先进的技术和复杂的设备。因此对于短期飞行来说,一次性用水更加经济,我国的空间站将采用先进的资源再生和循环利用技术。我国科研人员未来将会把中国空间站建设成为运行高效节约的空间站。

知识链接——向心力

在日常生活里我们肯定试过绳子一端系着一个物体,然后我们转动绳子,让物体转来转去,这其实就可以说是物理学上的一种圆周运动,圆周运动在生活乃至航天领域可是有着重要的应用。为何物体会做圆周运动呢?

做圆周运动的物体,其运动状态都不断地在发生改变,物体所受到的合力总是指向圆心的方向,我们称这个指向圆心的合力为向心力。要想做圆周运动,就需要有一个支持其运动的向心力,在我们转动绳子的时候,手就为绳子提供了一个拉力。转得越快,所需要的向心力就越大。如果转得太快,绳子不足以支撑如此大的向心力,那么绳子就会断开。

再比如在下雨天或者冰雪天,汽车在转弯的时候要将速度降得很慢,这是因为在转弯的时候,汽车在做一个近似圆周运动,这时轮胎的摩擦力为汽车提供了向心力,才得以完成这个圆周运动。如果速度很快,那么尤其在冰雪天,地面相比平常更加光滑,车轮受到的摩擦力更小,提供的向心力就不足以做圆周运动。所以如果速度过快,汽车就会在转弯时打滑,从而无法正常过弯。

(知识点详见人民教育出版社普通高中教科书《物理·必修·第二册》)

2.3 永不疲惫：陀螺旋转实验

陀螺想必大家都玩过吧！陀螺在太空中居然也能用来教学，王亚平老师拿出一个陀螺放在空中，轻轻地用手推一下陀螺，给静止的陀螺一个干扰力，陀螺就会上下颠倒翻滚向前运动，轴向一直在改变。接着，王亚平老师先让它绕着中间的轴旋转起来，再轻轻地推动它，给它一个干扰力，只见陀螺旋转着，稳稳当当地向前运动，轴向并不会有任何改变。这是因为当陀螺在旋转时，其自身会产生一个角动量，也就是所谓的"自旋角动量"，这个自旋角动量会使陀螺的轴线产生一个力矩，将轴线稳定地保持在一个方向上不发生倾斜。由于地球引力等外力的作用，当陀螺的轴线发生倾斜时，它会产生一个摆动，这时摆动方向的力矩就会作用于陀螺轴线上，使得轴线发生反方向的倾斜，这样一来，轴线的倾斜和力矩方向就呈现出了一种相互作用的关系，原本的力矩抵消外力产生的力矩，最终导致轴线保持在一个方向上不发生倾斜。

在地球上，如果我们将一个陀螺按照垂直于地面的方向旋转起来，它会因为重力等外力而逐渐倾斜并最终停止转动。但在太空微重力环境下，由于不存在类似于重力等外力的干扰，陀螺能够保持其自身高速运转并不断稳定定向，这被称为陀螺的定轴性原理。天宫中就有很多利用陀螺的定轴性原理制作的仪器，例如

不断测量航天器姿态的仪器就是利用了定轴性原理。因此宇航员可以通过对姿态控制系统进行调整，使飞船能够始终朝向正确的方向。

那么在太空中进行科学研究有什么好处呢？王亚平老师解释说：在太空中，利用太空这种独特的资源，一方面我们可以开展基础研究，另一方面也可以为应用服务。例如在失重环境下，我们可以获得结构更加均匀完整、尺寸更大的半导体金属，开展材料的基础研究，对比天地的差异，来优化和改进地面的生产工艺。再比如说在失重环境下，冷原子钟的频率稳定性大大提高，可以用于未来的高精度的卫星导航定位系统。航天技术的发展已经渗透到我们生活的方方面面，在未来我们一定可以做更多的科学研究，并利用太空资源造福人类。

通过这次太空授课，我们深入地了解了航天员在太空中的生活和工作，了解了太空中的微重力环境对物体运动的影响以及如何在这种环境下进行实验和测量。王亚平老师的实验展示不仅生动形象，而且实用有趣，让我们更好地理解了一些科学原理。在课堂的最后，航天员老师们向同学们表达了祝福，希望同学们好好学习，为中国梦添彩。深邃的太空等着大家去探索，飞天梦永不失重，科学梦张力无限！

我国首次太空授课作为一次伟大的尝试取得了较好的反响。此后，为发挥中国空间站的综合效益，中国首个太空科普教育品牌"天宫课堂"被正式推出。由中国航天员担任太空教师，以青少年为主要对象,采取天地协同互动的方式开展科普教育,"天宫课堂"融合了中国的人文特色和先进的航天技术。

天宫问答

问: 太空中能否看见太空垃圾,是否有应对太空垃圾的措施呢?

王亚平老师:在飞行的这几天,我们还没有看见太空垃圾,但它确实是存在的,虽然太空垃圾与航天器相撞的概率很小,但如果相撞,后果将不堪设想。因此在发射前我们就对太空垃圾进行了预警分析,也对我们的天宫一号采取了相应的规避和防护措施以确保航天员的安全。

知识链接——扩散

几滴红墨水滴进透明的水里很快水就会被染红,下课后的我们远远地就能闻到食堂传来的香味,这都是分子扩散运动的结果。

不同的物质能够彼此进入,在物理学中我们把这类现象称为扩散。扩散现象并非是由化学或者外界作

用引起的,而是因为物质分子不停地在做无规则运动,这也是分子动理论的内容之一。分子动理论还认为,物质是由大量分子组成的,分子间存在着力的作用,根据距离的不同存在着引力和斥力。

（知识点详见人民教育出版社普通高中教科书《物理·必修·第二册》）

第
3
章
『天宫课堂』第一课

2021年12月9日15时40分,"天宫课堂"第一课正式开讲,"太空教师"翟志刚、王亚平、叶光富在中国空间站为广大青少年带来了一堂精彩的太空科普课,这是中国空间站首次太空授课活动。本次太空授课内容丰富有趣,涉及物理、生物、化学、医学等多方面。这一课受到了全世界的瞩目,其意义非同一般!

那么,本次太空授课的实验和展示背后都蕴含着怎样的科学道理和应用呢?我们不妨来细细解读一番。

3.1 神秘空间:航天员在轨工作生活场景展示

"航天员在太空中怎么睡觉呢?""太空哪里来的空气呀?""换

下来的衣服洗不洗呀？"……带着同学们的问题，我们一起来看看航天员在太空站中是如何生活、工作的吧！

　　课程一开始，王亚平老师就带着同学们参观了航天员的休息区。原来，航天员的睡眠区是一个个"半封闭"的小隔间，床上有固定航天员的"安全带"，透过舷窗，航天员可以看到地球和外太空的迷人景色。看似小小的睡眠区，却透着满满的温馨。

　　来到生活区，映入眼帘的便是各种运动器械。原来，在太空中，由于失重，人体的血液会涌向身体上端，因此航天员的脸看上去都"胖胖"的。此外，失重还会使肌肉萎缩，严重影响健康。于是，"太空跑步机""太空自行车"等便是为航天员量身打造的运动器械，这些为航天员设计的个性化运动方案还有一个有趣的名字——运动处方。除了这些，航天员们还有一个秘密武器，那就是"企鹅服"。它内部有束缚装置，能帮助航天员保持肌肉的张力，起到对抗肌肉萎缩、减缓心血管功能下降的作用。太空厨房中，还有加热器、饮水分配器、食品冷藏箱。正是因为有了这些"空间站黑科技"，航天员们即使身在太空，也能吃到新鲜美味的苹果啦！

天宫
问答

问：　　　　航天员老师为什么在太空中看上去"胖胖"的？

王亚平老师：航天员在空间站中处于失重的状态。失重环境会导致身体的血液分布和地面不同，下肢的血液会上涌，因此航天员的面部看上去会"胖胖"的，这样会影响航天员的健康。为了保持健康，航天员会采取很多方法来对抗失重生理效应，其中在轨锻炼就是很重要的一部分，例如太空跑步机就是航天员在轨锻炼的一个常用的设备。

知识链接——血液

　　血液是由血浆和血细胞构成的。血浆是血液中的液态部分。血浆的90%是水，其余是溶解在血浆中的各种物质，包括通过消化道吸收来的各种营养成分、细胞排出的代谢废物。此外，血浆中还含有许多与凝血、抵御疾病等相关的血浆蛋白。血浆的主要作用是运载血细胞，同时运输维持人体生命活动所需的物质和体内产生的废物。血细胞包括红细胞、白细胞和血小板。

　　（知识点详见江苏凤凰科学技术出版社义务教育教科书《生物学·七年级·下册》）

3.2 荧光舞者：太空细胞研究实验展示

如果要评选本次天宫课堂里最难懂的实验，"太空细胞研究"肯定榜上有名。在中学生物课本上常常见到的"细胞"，到了太空里又会发生什么样的奇妙变化呢？让我们跟着叶光富老师一起来看看吧。

叶光富老师为同学们展示了失重条件下细胞生长发育的研究。在研究区域，有医学样本制备装置，里面能保持一定的温度和气体浓度，给细胞培养提供适宜的环境。当细胞培养到了一定程度时，便可以取出观察。这时，便需要用到医学样本显微观察装置，内置显微镜配合计算机软件可以对细胞生长发育进行实时观察和分析。实验时，分别将细胞置于人工制造的地球重力加速度环境下和空间站的微重力环境下进行培养，并对它们的生长和形态等进行对比研究。此外，航天员老师们还展示了细胞由于自身生物电在荧光显微镜下闪闪发光并不断跳动的景象。没想到，小小的心肌细胞在太空却能化身成美丽的舞者。那么，这项研究的意义何在呢？

事实上，在探索太空的早期，科学家就在为这个问题而努力了。科学家们想要知道：微重力环境下细胞会不会不受拘束、任性生长？因此，太空细胞学对研究未来人类长期太空生活有着特殊的价值，它也为生物医学的发展带来了无限可能！

天宫
问答

问：　　　心肌细胞为什么会在荧光显微镜下闪闪发光并不断
　　　　跳动呢？

叶光富老师：这是细胞自身生物电的一种反应，因为这些细胞是
　　　　活的，便可以利用这些细胞自身生物电激发荧光这
　　　　一个特殊的手段，来看到这一组画面。在天宫空间
　　　　站的细胞研究设备中，还可以看到心肌细胞以成片
　　　　的形式在做收缩运动，它们的运动还很有规律哦！

知识链接——细胞

　　有人说，如果把生物体比作一座房子，细胞就相当
于建造这座房子的砖块。这个比喻并不十分恰当，因
为细胞是活的。细胞会与外界进行物质交换，能从小
长大，能由一个变成两个，也有衰老和死亡。许许多多
活细胞有组织有秩序地结合在一起，形成生物体的各
种结构，构成一个个充满生命活力的生物。因此，细胞
是生物体结构和功能的基本单位。

　　（知识点详见江苏凤凰科学技术出版社义务教育
教科书《生物学·七年级·上册》）

3.3 花样滑冰：太空转身实验

在地面上，我们双脚触地，能很容易地转身；在水中，我们做着划水的动作，便能轻易地向前游动。然而，在太空中也一样吗？

在太空转身实验中，航天员老师在飘浮的状态下分别做着转身和划水的动作，却不能像在地球上一样成功实现。这是为什么呢？事实上，物理学上把这两种现象分别叫作角动量守恒和动量守恒。在太空飘浮的物体，可以近似看作没有外力的作用，物体各个部分的角动量之和与动量之和都不会改变。

细心的同学们可能会发现，航天员老师在飘浮的状态下做转身运动时，上身转动的方向总是和下身转动的方向相反。这是因为航天员老师处于飘浮状态，上身和下身的角动量方向必须永远相反，才能保证角动量守恒，因而无法转身。而当航天员老师做划水动作时，因为动量守恒，自身的速度无法改变，因此无法向前运动。同学们可能会问：为什么当航天员老师右手加速绕圈时，身体就能不断地发生旋转呢？这是因为当右手加速绕圈时，其角动量的方向会与身体角动量的方向相反，因此身体便会向着反方向转动，这样一来便成功地实现了转身的动作。最后，航天员老师展开双臂以一个速度进行旋转，当收紧双臂时，手臂圆周运动的半径减小，为了保证角动量守恒，身体的转速就会增加。花样滑冰的运动员能够飞速旋转就是这个原理。

收紧双臂时的旋转速度>展开双臂时的旋转速度

 花样滑冰运动员旋转速度比较示意图

事实上,航天员在空间站中的行动是十分困难的,因为飘浮在空中,无论是转身还是前进都需要借助空间站舱壁的扶手。这看似简单的实验背后却蕴含着牛顿力学中的原理,同学们看明白了吗?

天宫
问答

问: 在太空中可以像在地面上一样正常行走吗?

王亚平老师:在太空中,由于没有了重力的帮助,航天员只能是飘
来飘去的,还要经常借助舱壁上的工具进行来回的
移动。事实上,在太空中转身也相当困难,例如用

"划水""吹气"的方式都不能让自己成功转身。

知识链接——重力

水总是由高处流向低处。向空中撒开的渔网，要飘落到水里；向空中抛出的石块，最终也会落向地面……生活中，你可以随处发现像上面一样的例子。这些现象的产生，是因为地球对它附近的物体有吸引作用。由于地球的吸引而使物体受到的力叫作重力，通常用字母 G 表示。地球附近的所有物体都受到重力的作用。实验表明，物体所受的重力跟它的质量成正比。

（知识点详见江苏凤凰科学技术出版社义务教育教科书《物理·八年级·下册》）

3.4 沉睡魔法：浮力消失实验

热气球为什么能上升？万吨巨轮为什么能浮在水面？这都是浮力在起作用。可是在太空中，浮力怎么就"失效"了呢？

太空中，航天员老师在杯中注满水，利用乒乓球进行实验，浮力却神奇地消失了。原来，浮力产生的根本原因是物体的上下表面在水中深度不同，液体在物体的上下表面作用形成了压力差，而液体内部压强的来源是重力。在初中课本上我们学过,液体内部某点处的压强 p = 液体密度 ρ ×重力加速度 g ×某点到液面处的竖直高度 h。然而,在空间站的失重环境下,重力加速度 g 变为零,压强差便会消失,浮力自然也就"失效"了。

地球上,乒乓球受到浮力   空间站中,浮力消失

 浮力消失实验示意图

天宫
问答

问: 空间站中,为什么乒乓球不会浮出水面呢?

王亚平老师:在空间站中,乒乓球放入水中,并没有像在地面上一样浮起来,这是因为浮力是随着重力而产生的,失重环境下浮力几乎消失,乒乓球就不能像在地面上一样浮起来。

飞出地球：
从天宫课堂到祝融探火

知识链接——浮力的应用

　　潜水艇：潜水艇能潜入水下航行，进行侦察和袭击，是一种很重要的军用舰艇。潜水艇的艇身装有水舱，向水舱充水时，潜水艇变重，逐渐潜入水中。当水舱充水后潜水艇重等于同体积的水重时，它可以悬浮在水中。当用压缩空气将水舱里的水排出一部分时，潜水艇变轻，从而上浮。实际航行时，上浮和下潜过程中潜水艇总要开动推进器加快上浮和下潜的速度。

　　气球和飞艇：如果气球里充的是密度小于空气的气体，那么气球可以飘在空中。例如，节日放飞的气球、携带气象仪器的高空探测气球，充的是氢气或氦气；体育、娱乐活动用的热气球，充的是被燃烧器加热而体积膨胀的热空气。

　　（知识点详见江苏凤凰科学技术出版社义务教育教科书　《物理·八年级·下册》）

3.5 水里开花：水膜张力实验

　　水中也能"开花"？水膜张力实验中，王亚平老师做好水膜后，拿出了一个花朵折纸并小心翼翼地放在水膜上。令人惊叹的现象出现了——花朵居然在晶莹剔透的水膜上慢慢地"开放"了。

　　原来，这都是水膜张力的"功劳"。什么是水膜张力呢？水膜张力的物理本质是液体的表面张力。事实上,我们日常生活中见到的水是由一颗颗很小的水分子组成的,而更小的氢原子和氧原子构成了水分子。这些分子之间有着相互作用力,也正是由于液体表面分子间"引力"作用,液体便会产生使表面尽可能缩小的力,这个力称为"表面张力"。放在水膜上的纸花,由于受到这种力的拉扯,自然就慢慢地"开放"啦!

绽放的纸花

"纸花绽放"示意图

　　表面张力的现象在生活中处处可见。清晨凝结在叶片上的露珠、天冷时窗户上凝聚的水滴,都近似球状,这都是在表面张力的作用下形成的。此外,蜻蜓、水黾等昆虫之所以能"站"在水面上,也都是表面张力的作用。

　　知识链接——水的组成

　　在很长的一段时期内,水曾经被看作是一种"元素"。直到18世纪末,人们通过对水的生成和分解实验的研究,才最终认识了水的组成。当水分子分解时,生

成了氢原子和氧原子,2个氢原子结合成1个氢分子,很多氢分子聚集成氢气;2个氧原子结合成1个氧分子,很多氧分子聚集成氧气。水中含有氢、氧两种元素。这种组成中含有不同种元素的纯净物叫作化合物。

(知识点详见人民教育出版社义务教育教科书《化学·九年级·上册》)

3.6 水膜放大镜:水球光学实验

"从水球里看人像,为什么有正的,也有倒着的呀?"太空授课的水球光学实验,让屏幕前的同学们直呼"神奇"。原来,能使水球成像一正一倒的"秘密武器"便是水球中的气泡。

当航天员老师往水球中打入一个气泡后,因为浮力和重力的消失,气泡不会向上,而是老老实实待在水球中,水球因此便被气泡分为了两部分,中间是打入的"空气球",周围却是一层"水球壳"。此时,整个水球就变成了两个透镜:外圈成了一个凸透镜,呈现出一个倒立的像;内圈相当于两个凹透镜的组合,这个时候又出现了一个正立的像。这样,同学们就能在水球中同时看到一正一倒的两个像。

其实,透镜在生活中的应用有很多。我们知道凹透镜可以发散光线而凸透镜可以汇聚光线,将它们以不同的形式组合,便可以发挥不同的作用。我们经常用到的眼镜、望远镜和相机镜头等,本质上都是光学透镜在发挥作用。

 水球成像示意图

天宫
问答

问:　　　为什么水球中会形成一正一倒两个像呢?

王亚平老师:这是因为气泡将水球分割成了两部分,一正一倒的
　　　　　两个像便是这两部分分别成像的结果。

知识链接——凸透镜与凹透镜

如果仔细观察眼镜,你会发现镜片的中间和边缘的厚薄不一样。远视眼镜镜片中间厚、边缘薄,这样的镜片是凸透镜;近视眼镜镜片中间薄、边缘厚,这样的镜片是凹透镜。一般透镜的两个表面中,至少有一个表面是球面的一部分。如果透镜的厚度远小于球面的半径,这种透镜就叫作薄透镜。实验表明,在空气中凸透镜对光有会聚作用,凹透镜对光有发散作用。因此,凸透镜又叫作会聚透镜,凹透镜又叫作发散透镜。生活中常见的放大镜、照相机、投影仪等都是利用了透镜的原理。

（知识点详见人民教育出版社义务教育教科书《物理·八年级·下册》）

3.7 太空中的"欢乐球"：泡腾片实验

泡腾片在生活中再常见不过了,一片入水,气泡就会"咕嘟咕嘟"从水面涌出。然而在空间站中,气泡却只能乖乖待在水球中。究竟是什么神奇的力量"束缚"住了它们呢?

原来,泡腾片水球实验也和浮力有关。在地球上,泡腾片产生的气泡会受到浮力的作用,不断上浮,从而涌出水面。而在空间站中,因为失重环境下浮力消失,气泡便会停留在原地。由于液体表面张力的作用,水球仍会保持球形,但泡腾片产生的气泡会将水球不断"吹大"。

太空授课的四个实验都跟"水"有关,用水做实验,与地球上的对比效果更好,水在空间站中也容易获得。其实,这些神奇的实验现象本质上还是由于空间站中没有重力的作用,浮力消失,表面张力的效果便会更加明显。

事实上,水是航天员的生命之源,在空间站上,所有的水都是循环使用的。空间站里加了墨水的蓝色"欢乐球",是不是像极了我们美丽的地球呢!

知识链接——溶液的形成

地球的大部分表面被蓝色的海洋覆盖着。如果你在海水中游过泳的话,就会发现看上去清澈的海水实际上又苦又咸。这是为什么呢?原来海水中溶解了许多物质,海水是一种混合物。像这样,一种或几种物质分散到另一种物质里,形成均一的、稳定的混合物,叫作溶液。能溶解其他物质的物质叫作溶剂,被溶解的物质叫作溶质。溶液是由溶质和溶剂组成的。例如在氯化钠溶液中,氯化钠是溶质,水是溶剂。水能溶解很多种物质,是一种最常用的溶剂。汽油、酒精等也可以作溶剂,例如汽油能溶解油脂,酒精能溶解碘,等等。

(知识点详见人民教育出版社义务教育教科书《化学·九年级·下册》)

第4章
『天宫课堂』第二课

2022 年 3 月 23 日 15 时 44 分，"天宫课堂"第二课正式开讲。在约 45 分钟的授课中，航天员翟志刚、王亚平、叶光富相互配合，生动演示了微重力环境下的太空"冰雪"实验、液桥演示实验、水油分离实验、太空抛物实验等，展示了部分空间科学设施，介绍了在空间站中的工作生活情况。我们不妨来探讨一番这些实验背后的科学原理，同时了解一下它们在我们生活中的应用吧！

◼ 4.1 点水成冰：太空"冰雪"实验

大家是否还记得在上一次"天宫课堂"上，王亚平老师利用固水环制作了水膜、水球，并开展了一系列实验。而在第二次课上，

王亚平老师没有再借助其他器具,而是取出水袋后直接轻轻挤压,液体在管口出现结晶。经过处理后,王亚平老师再次挤出液体,液体球静静地悬停在空间站内。接下来,奇妙的现象出现了,王亚平老师用蘸有粉末的小棒触碰液体球后,它开始"结冰"了!

实际上,这个"水球"的成分是过饱和的乙酸钠溶液。乙酸钠(也叫醋酸钠)在水中的溶解度会随溶液温度的上升而增大。将饱和乙酸钠溶液加热,它便有能力继续溶解更多溶质,再将"加料"后的溶液冷却,便得到了过饱和乙酸钠溶液。此时,如果没有新的溶质加入,它就会在水袋内稳定保持溶液状态,平安度过飞船发射的震动,顺利到达空间站。但这种溶液并没有表面看起来的那样平静,只要再加入一点点无水乙酸钠粉末,"水球"便会从粉末所接触的地方开始结晶。

那么,为什么要把"冰雪"实验带到太空呢?这是因为空间站拥有微重力环境,过饱和溶液不需要容器盛装就能在空中形成溶

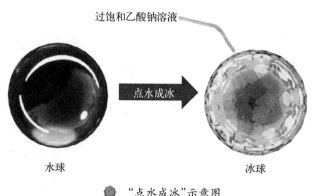

过饱和乙酸钠溶液

点水成冰

水球　　　　　　　冰球

"点水成冰"示意图

液球。如果在地面进行这项实验,溶液受到容器的限制,只能向内结晶。而太空中的微重力"无容器"状态,可以让溶液在悬浮状态下完成结晶,从而能观察到不受地球重力影响的材料物性变化。

可能有同学要问了:这个实验在我们的生活中有什么具体应用吗?由于结晶时会释放大量热量以及它独特的触发条件,这一原理在生活中常用于制作"暖宝宝"。这种"暖宝宝"只要对它进行挤压或其他触发方式,它就能够发热。同时,这一触碰发热的特性也常常用在一些特殊条件的工业生产中。

天宫
问答

问: 这个"冰球"摸起来是不是冰的呢?

王亚平老师:乙酸钠溶液在温度较高的水中的溶解度非常大,很容易形成过饱和溶液。在这个溶液里只要有一丁点的结晶和颗粒就能迅速打破它的稳定状态,析出大量的晶体,同时还会释放出大量的热量。所以,这个看起来像冰球的小球,现在我摸着它,竟然还有发热的感觉呢。哈哈!原来这是一个热球。

知识链接——过饱和溶液

过饱和溶液是指溶液中所含溶质的量大于在这个温度下饱和溶液中溶质的含量的溶液（即超过了正常的溶解度）。溶液中必须没有固态溶质存在才能产生过饱和溶液。制取过饱和溶液，需要在较高的温度下配制饱和溶液，然后慢慢过滤，去掉过剩的未溶溶质，并使溶液的温度慢慢地降低到室温。

（知识点详见人民教育出版社义务教育教科书《化学·九年级·下册》）

4.2 遇水架桥：液桥演示实验

在进行讲解之前，大家不妨想一想，是否对液桥实验有些似曾相识的感觉？没错！在上一次"天宫课堂"中，王亚平老师就制作了一张漂亮的水膜，还将一朵与她女儿一同制作的纸花放置在水膜上。在水表面张力的作用下，纸花沿着水膜表面慢慢绽放，成就了温馨又经典的一幕。这次实验同样也是向大家展现出了水的表面张力。在实验中，王亚平老师手持两片玻璃板，叶光富老师在玻璃板表面上分别挤上水，两片玻璃板逐渐接近，水便在板间连起了一座"桥"。王亚平老师将玻璃板的距离拉远，"桥"也没有断开。这便是液桥现象。

在太空微重力环境和液体表面张力的共同作用下,液桥形成了。表面张力像是给液体披上了一层带有弹性的保护膜。我们轻轻地吹叶子上的小水滴时,你会发现吹不动,就是因为这层保护膜在"保护"水滴的形状不被破坏。

其实在地面环境中,液桥也并不罕见。洗手时将两根湿漉漉的手指贴合,再缓慢分开一小段距离,指间会出现一段小液柱,这便是液桥。不过,由于液体表面张力很弱,在正常的重力环境下,液桥的尺寸通常难以超过几毫米。而在空间站的微重力环境下,表面张力便能"大显神通",可以维持大尺寸的液桥。

虽然在地面上很难做出长长的液桥,但是大家可以在家尝试许多表面张力的替代小实验哦。在这里给大家布置一个实验任务:找一个玻璃杯,装满水,然后一点一点地向里面放入回形针,观察水是否会溢出、液面又会发生什么变化。大家可以自己动手试一试。

除此之外,生活中处处可见表面张力的身影,比如水黾能站在水面上正是利用了水的表面张力。在通常情况下,水的表面张力对于水黾来说十分巨大,水黾的一条腿就能在水面上支撑起15倍于自身的质量。所以,水黾可以很轻松地站立在水面上。这时肯定会有同学提出疑问:"人能像水黾一样站在水上吗?"很可惜,答案是不能,就是因为人自身的重力远大于水的表面张力,因此尽管知道是水的表面张力使水黾站在水上,人类也无法模仿水黾。但是,如果有一天我们能够发现表面张力更大的液体,也许

就可以真正实现"轻功水上漂"。

天宫
问答

王亚平老师：　同学们可以想一下有没有什么办法能搭建一座更长的液桥呢？

地面课堂同学1：液体表面张力是由于液体分子之间的引力远大于液体分子与气体分子间的引力，因此液体表面有尽可能缩小的倾向，固液界面同理。我猜想，要想使桥面变长就需要改变表面张力。第一种方法是改变液体分子间作用力，例如改变液体温度或选用水银。第二种方法是减小固液界面，因此可以减小实验中玻璃板的面积，或者改变玻璃板的材质。第三种方法是减小气体分子与液体分子间的引力，例如改为在氢气中实验。

地面课堂同学2：液桥的形成主要和液体的浸润现象、液体的表面张力有关。所以，要加长液桥需从两方面考虑：如何使桥中央不断，如何使桥两侧不断。要让桥中央不断，和液体表面张力有关，改变温度或改变液体的种类，比如更黏稠的液体可以让液桥变长。要让桥两侧不断，可以改变两侧固体的材料，以及液体和固体接触面积的大小。

知识链接——表面张力

我们发现：一些昆虫可以停在水面上；叶面上的露珠呈球形……这些现象表明，液体表面可能具有与内部不同的性质。经过实验可以发现，液体的表面具有收缩趋势。为什么液体表面具有收缩趋势呢？原来，液体表面有一层跟气体接触的薄层，叫作表面层。表面层与液体内部的微观结构不同。设想在液体表面画一条直线，把液体表面分为两部分，直线两侧的液体之间存在着一对大小相等、方向相反的作用力，这种力在液体表面层内的各个方向上都存在，力的方向总是跟液面相切，且与分界面垂直。这种力使液体表面绷紧，叫作液体的表面张力。

（知识点详见人民教育出版社普通高中教科书《物理·选择性必修·第三册》）

4.3 人造"重力"：水油分离实验

在课堂上，王亚平老师手中的小瓶装着水、油两种物质。在空间站环境中，晶莹剔透的油滴并不会像在地面一样上浮，而是

与水相混合,这和上一次"天宫课堂"中的泡腾片不断翻腾的气泡现象相互呼应。不过,在叶光富老师用一根绳子系住小瓶并快速旋转后,由于离心力的作用,水、油则出现了分层。它们背后的原理都是在微重力环境下密度分层消失,这是微重力环境最直观的应用。

水油分离实验示意图

有同学又要问:"什么是离心力呀?"当物体做圆周运动的时候,就会受到离心力的作用。同学们有没有转过笔呢? 经常转笔的同学是不是发现笔转着转着就好像"活"起来了,一个劲儿地想要逃出你的手掌而不是往你手里面钻呀? 这就是离心力的体现。其实,离心力类似于重力,只不过方向是指向外侧的。洗衣机甩干桶就是利用离心力工作的。在水油分离实验中,密度较大的水受到的离心力大,而密度较小的油受到的离心力小,因此更"重"的水就被压在了下层,而油处在上层。

在这里,又要考考大家了:为什么要把空间站的失重环境称为"微重力环境"呢? 其实,空间站虽然拥有失重环境,但它并没有脱离地球引力。在距离地球约400千米的轨道上,空间站受到的重力大约是地面重力的88.5%,并没有显著小于地面重力。空间站之所以能形成微重力环境,是因为它具备极高的飞行速度,此时重力成为恰到好处的向心力,让空间站能围绕地球运行。但地球并非均匀的球体,空间站的速度也并非恒定,因此空间站内的环境是"微重力"而非"零重力"。

王亚平老师: 在太空站中,我需要用什么办法才能让水油分离开呢?

地面课堂同学:王老师好,刚才课程引导部分,地面课堂的老师带我们做了水流星的实验,当时抡水杯时,我发现水被甩到了杯底。而水比油密度大,我觉得如果甩起来水也会沉底,应该就能实现水油分离,谢谢老师。

知识链接——物体的浮沉条件

由于物体所受的重力与物体的密度有关,而排开液体所受的重力与液体的密度有关,所以我们可以找到物体密度、液体密度与物体浮沉的关系。对于浸没在液体中的物体:当液体密度小于物体密度时,必有浮力小于重力,物体在液体中下沉;当液体密度大于物体密度时,必有浮力大于重力,物体在液体中上浮;当液体密度等于物体密度时,必有浮力等于重力,物体可以

悬浮在液体中。

（知识点详见江苏凤凰科学技术出版社义务教育教科书《物理·八年级·下册》）

4.4 墩墩飞天：太空抛物实验

北京冬奥会吉祥物冰墩墩也亮相太空课堂啦！身处空间站的航天员居然早就实现了"冰墩墩自由"，令一"墩"难求的我们着实眼馋。王亚平将可爱的冰墩墩抛出，它并没有像在地面上一样掉落，而是沿着直线"飞"了出去。这是空间站微重力环境最直观的体现，虽然实验十分简单，但能令我们无限畅想。

大家想想，冰墩墩真的是在做直线运动吗？其实，冰墩墩和空间站都是在环绕地球运动的。在地面上看，冰墩墩走的可不是直线，而是跟空间站一样，是一个圆弧！那么，到底谁对谁错呢？其实，两种说法都是对的，只是视角不同而已。

空间站中冰墩墩的平抛运动轨迹

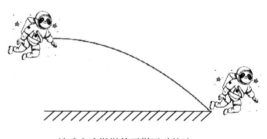

地球上冰墩墩的平抛运动轨迹

空间站中和地球上平抛运动轨迹比较示意图

　　虽然大家早就知道失重环境下的平抛运动,但恐怕很多同学还是第一次亲眼证实了这个理论吧。太空中的平抛运动实在是太有吸引力了! 一旦同学们的思维被放大到宇宙尺度,畅想便自然而然地发生了。既然在地面上抛出物体的速度越大,它就能落到越远的地方,那如果抛出物体的速度足够大,它是否能成为环绕地球的卫星?

　　100多年前,爱因斯坦就提出了等效原理。他认为,物体在引力场中等效于参考系具有反向的加速度。比如,我站在电梯中,感受到电梯对我的支持力,这既有可能是因为电梯停在地球上,地球对我有向下引力造成的,也有可能是电梯在茫茫宇宙中不受到引力,但是电梯向上加速造成的。想象一下,如果汽车猛地向前加速,你是不是会有推背感?

　　现在,空间站几乎只受到地球引力,所以在空间站内部看,物体的表现就跟不受重力的环境一模一样。因此,特技傍身的冰墩墩只会出现在太空中。回到地面上,这特技可就不灵了。

天宫
问答

王亚平老师: 现在我们所处的空间站是在绕地球飞行,那么同学
　　　　　　们,以你们的视角来看冰墩墩还是在做近似匀速直
　　　　　　线运动吗?

地面课堂同学:冰墩墩在太空中被抛出,可以近似认为仅受重力
作用。由于速度不快,因此会做近似以地球为焦
点的椭圆运动。

知识链接——参照物与运动

　　要描述一个物体是运动的还是静止的,要先选定
一个物体作参照,这个被选定的物体叫作参照物。相
对于参照物,某物体的位置随时间改变,我们就说它是
运动的;位置没有随时间改变,我们就说它是静止的。
一个物体相对于另一个物体位置随时间发生变化,叫
作机械运动,通常简称为"运动"。判断一个物体是静
止的还是运动的,与我们所选的参照物有关。选不同
的参照物,对同一物体运动的描述有可能不同。所以,
尽管运动是绝对的,运动的描述却是相对的。参照物
是可以任意选择的,但在研究具体问题时,要根据问题
的需要和研究的方便来选取。

　　(知识点详见江苏凤凰科学技术出版社义务教育
教科书《物理·八年级·上册》)

4.5 仪器显神威:空间科学设施展露真容

　　"天宫课堂"上,叶光富老师打开一段此前拍摄的视频,画面

中他用手轻轻推动了面前的悬浮实验台。出乎意料的是,实验台没有直接飘走,而是略微移动后又稳稳地回到原位。

悬浮实验台正是高微重力科学实验柜的一部分,这一实验柜能为科学实验提供地面上难以实现的极限条件。一般而言,空间站的微重力水平在 $10^{-5} \sim 10^{-3}g$。而在高微重力科学实验柜研制中,中国科学院空间应用工程与技术中心的研究人员将微重力水平提升了 $2 \sim 3$ 个数量级,达到 $10^{-7}g$ 水平,相当于这个实验柜中的重力是空间站中的 1‰。

为实现如此高的微重力水平,研究人员设计了双层实验系统,通过外层喷气、内层磁悬浮的设计,让实验系统"悬浮"起来,从而在最大程度上消除振动,完成微重力水平的极限挑战。科学载荷安装于内体上,隔离外部的各种扰动力。

在这个实验柜里,科学家可以开展许多在引力环境下难以完成的实验。比如,高精度的原子钟需要冷却铯原子,在零重力下最方便;还可以用来寻找引力波、验证广义相对论的等效原理等。

在介绍完高微重力科学实验柜后,王亚平老师又向我们展示了通过无容器材料实验柜进行的锆金属熔化与凝固实验。一颗金属小球悬浮在实验腔体中,经过悬浮控制、激光加热、测量物性、再辉、样品冷却凝固、回收等环节后,实验完成。

这便是无容器材料实验。通常熔炼物质都需要使用容器承载熔体,往往会引入杂质,在熔体凝固过程中,会受器壁影响,生长出复杂的微观组织形态。顾名思义,"无容器"就是不用容器承

载,使实验样品在悬浮的状态下完成熔炼,能够抑制异质形核。空间站的无容器实验样品还能消除地面重力引起的熔体形变和熔体密度分层,利于亚稳态材料和新型功能材料的开发制备。

科研人员基于先进的静电悬浮技术,开发了这套全新的无容器材料实验柜。目前,基于无容器材料实验柜开展的科学项目正在进行中。科学家已经对一些样品开展了深入研究,例如锆的熔化、冷却凝固过程的研究,并且取得了一些新发现。不久,"问天""梦天"实验舱将陆续发射,上面会搭载更多的实验柜。

天宫
问答

问: 空间站里流眼泪是怎样的?

王亚平老师:在太空中,由于没有重力,人的泪腺虽然能够产生眼泪,但眼泪是流不出来的。如果泪腺持续产生眼泪,眼泪就会堆积,最后在眼睛中形成一个水球。这种情况在太空中是非常危险的,如果液体体积较大,容易影响到空间站里的电气设备。所以航天员一旦有了眼泪,就要尽快用毛巾吸干。

问: 航天员的作息如何安排?

翟志刚老师:在近地轨道飞行的载人航天器,一般90分钟绕地球飞一圈,也就是说,一个昼夜的周期只有90分钟,白天、黑夜各有45分钟,24小时内有16个昼夜交替变化。为了保持在地球上形成的生命节律,航天飞行中仍以24小时为周期安排航天员的作息时间,一般8小时工作,2小时用餐,1.5～2.5小时锻炼,3.5～4.5小时自由活动,8小时睡眠。为了不使快速的昼夜节奏影响睡眠,睡眠时应戴上眼罩。更先进的办法是用灯光亮度的变化来模拟地面上的昼夜节奏,以保证航天员能很好地睡眠。

知识链接——昼夜交替与时差

在同一时间里,太阳只能照亮地球表面的一半。向着太阳的半球是白昼,称为昼半球;背着太阳的半球是黑夜,称为夜半球。昼半球和夜半球的分界线(圈),叫作晨昏线(圈)。

地球不停地自转,昼夜也就不断地交替。昼夜交替的周期是1个太阳日。这样的周期长短适宜,使得地面白昼不会过于炎热,黑夜不会过于寒冷,有利于生命有机体的生存和发展。昼夜交替影响人类的作息,因此,自古以来太阳日就被作为基本的时间单位。

地球自西向东自转,在同一纬度地区,东边的地点比西边的地点先看到日出。这样,时间就有了早迟之分:东边的地点比西边的地点时间要早。同一瞬间,不

同经度的地方,地方时不同,经度每隔15°,地方时相差1小时。

使用地方时很不方便。1884年,国际经度会议决定按统一标准划分全球时区,实行分区计时的办法。全球共分为24个时区,每个时区跨经度15°。以本初子午线为基准,从西经7.5°至东经7.5°,划为中时区,或叫零时区。在中时区以东,依次划分为东一区至东十二区;在中时区以西,依次划分为西一区至西十二区。东十二区和西十二区各跨经度7.5°,合为一个时区。各时区都以本时区中央经线的地方时作为本时区的区时。相邻两个时区的区时相差1小时。

(知识点详见人民教育出版社普通高中教科书《地理·选择性必修·第一册》)

第5章
『天宫课堂』第三课

2022年10月12日15时45分，"天宫课堂"第三课正式开讲，航天员陈冬、刘洋、蔡旭哲化身"太空教师"，向广大青少年展示了中国空间站问天实验舱的基本情况和主要设施，生动演示了在微重力环境下的毛细效应实验、水球变"懒"实验、太空趣味饮水等，并且介绍了植物生长研究项目。本次课堂内容丰富有趣，蕴藏着意想不到的科学原理和实际应用。就让我们一起走进"天宫课堂"第三课，探寻背后蕴含的科学奥妙！

5.1 天宫内况：问天实验舱介绍

问天实验舱于2022年7月24日发射，这也是在发射后第一次

用于太空授课。作为一间新的"教室"，被称为"太空实验大管家"的问天舱里都有着什么样的新型实验设备？航天员又是如何在里面工作生活的呢？让我们跟随着航天员老师们，一起来看看吧！

老师们首先介绍了问天实验舱的睡眠区，与天和核心舱不同的是，问天实验舱睡眠区域是纵向的，而天和核心舱是横向的。这是因为在微重力条件下，任意方向睡眠的感觉是一样的，因此可以根据设计需要安排睡眠区域方向。问天实验舱的生活区设有太空厨房、卫生间等，甚至连天和核心舱的太空自行车也都被转移到了问天实验舱。可见问天实验舱具备独立支撑乘组在轨生活保障能力，并且问天实验舱拥有着完整的控制系统，一旦天和核心舱遇到紧急情况，问天实验舱可以作为整个空间站的核心接管控制。

向问天实验舱内部望去，映入眼帘的便是各种科学实验装置。最先看到的便是科学手套箱，航天员们可以利用它给细胞做"微型手术"，科学手套箱的内部空间大于240 L，相当于一台冰箱的大小。操作者能够通过三个观察窗清晰明了地看到自己的操作过程，而位于前侧的左箱门、前箱门、右箱门能够更方便地让操作者进行箱体内外样品、仪器的搬运及转移。在它下方的是低温存储柜，顾名思义，低温存储柜就相当于实验样品的"太空冰箱"，它能够提供-80℃、-20℃、4℃的温度存储条件，可以满足不同样品对低温的存储需求，为开展长期空间实验提供保障。其次是生命生态实验柜,作为动植物的"太空旅馆",这个实验柜的成果可关系到我们能否实现星球之旅。这台实验柜由一个个像小房间一样的模块组成,每一个模块都对应着不同的研究对象。

在陈冬老师的右手边是生物技术实验柜和变重力科学实验柜。生物技术实验柜主要以细胞组织、蛋白质等生物样品为研究对象,相当于一个小型的太空生物实验室,能够更好地帮助我们了解微观世界。通过对培养环境的温度、湿度、液体及气体组分等实时动态控制,生物技术实验柜能够为生物样品生长提供稳定的营养供给条件。而变重力科学实验柜则通过离心力的作用,能够为实验高精度模拟重力环境,在这个实验柜中,我们可以进行包括空间生命科学与生物技术、微重力流体和燃烧科学等实验的不同重力效应和响应机制研究。看到这么多新奇的实验装置,不知道有没有激发起你们探索太空的欲望?

天宫
问答

问: 未来还会有哪些动植物住进"太空旅馆"——生命生态实验柜呢?

陈冬老师: 除了拟南芥和水稻,我们的"太空旅馆"还将迎来斑马鱼、线虫等其他客人。在这里,科学家将会根据不同生物适宜的生长环境,对光照、温度等条件进行控

制。同时,自动观察装置还可以定期给它们拍照、录视频,记录它们在太空的生活状态,让地面的科学家知道他们发育得好不好、观察它们在太空是否住得习惯。

知识链接——失重与超重

物体对支持物的压力(或对悬挂物的拉力)小于物体所受重力的现象,叫作失重现象。物体对支持物的压力(或对悬挂物的拉力)大于物体所受重力的现象,叫作超重现象。人站在体重计上向下蹲的过程中,加速向下运动时,体重计的示数所反映的视重(力)小于人所受的重力;减速向下运动时,体重计的示数大于人所受的重力。

(知识点详见人民教育出版社普通高中教科书《物理·必修·第一册》)

5.2 水柱赛跑:毛细效应实验

将玻璃管插入水中,水会在玻璃管中上升一定高度,并且玻璃管越细,上升效果就越明显,这就是我们常说的毛细现象。在太空中,毛细现象又会有怎样的不同呢?

只见陈冬老师将3根粗细不同的玻璃管同时插在了装满水的培养皿中,惊奇的事情发生了!细玻璃管中的液体不断上升,速度很快,最终到达了管顶;粗一点的玻璃管中的液体上升的速度稍慢,但最终也到达了管顶。这是怎么回事呢? 在太空中,由于缺少了重力的束缚,流体表面张力更加明显,它又一次"大显神威",驱动液面不断上升,并最终到达管顶。

其实,毛细现象的原理十分简单,表面张力使得玻璃管内的液面像一张弹性膜,而大量分子又想要附着在玻璃管内壁上,并且液体分子和固体分子之间的相互作用可以扩展到整个液体,在浸润物体中,力是向上的,就会出现液面不断上升的情况。但由于重力的作用,液面的上升高度会受到限制,因此就出现了我们日常所看到的情况。如果不浸润物体,比如在水银中插入玻璃管,那么液面会下降并最终稳定在一定高度。

毛细现象在生活中的应用其实十分广泛,大到航空器发动机的燃料箱、高空热管,小到纸巾吸水、植物吸收水分,都利用了毛细作用。同学们,你们还能想到生活中的哪些现象运用到了毛细

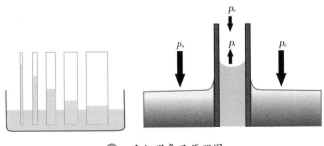

毛细现象及原理图

作用吗？

天宫
问答

问：   在宇宙中看到的地球有几种颜色呢？您看到的最美的一幕是什么？

蔡旭哲老师：当地球有太阳照射的时候，蔚蓝的海洋、黄绿相间的陆地、积雪的白色山脉和大片金黄色的沙漠会依次在我们的视野里出现，还有厚薄不一的片片云彩飘浮在天地之间，勾勒出这颗蓝色的星球绰约的身影。没有太阳照射的地球也非常漂亮，地面上是城市的点点灯火；在没有灯光的地方，是寂静无声的荒野和沉睡的大地。如果要问我心目中最美的一幕是什么，我的回答会是地球外圈带有的那一层明亮的大气光晕。它在地球边缘呈现五彩斑斓的状态，有时是金色，有时是蓝色，有时又变成了紫色……虽然看了很多次，但每次都觉得非常漂亮、非常震撼。

知识链接——浸润

一种液体会润湿某种固体并附着在固体的表面上,这种现象叫作浸润;一种液体不会润湿某种固体,也就不会附着在这种固体的表面,这种现象叫作不浸润。当液体和与之接触的固体的相互作用比液体分子之间的相互作用强时,液体能够浸润固体;反之,液体则不浸润固体。

(知识点详见人民教育出版社普通高中教科书《物理·选择性必修·第三册》)

5.3 "懒惰"的水球:减弱共振实验

在微重力环境下,刘洋老师利用注射器向水球喷射空气,可以明显地看到水球在剧烈地振动。而在水球中加入一个空心的小钢球后,再用同样的力度去冲击水球,水球竟神奇地减小了振动幅度,就像变"懒"了一样。这是为什么呢?

原来,这和水球的共振有关。共振是指物体所受驱动力的频率与该物体的固有频率相近时,物体振动幅度将会显著增大。当利用注射器向水球喷射空气、施加外力时,施加的外力频率与水球的固有频率相近,因此水球容易发生共振,振动幅度较大,看起来十分"活跃"。而空心小钢球的固有频率比水球大得多,在水球

中加入空心小钢球后,使得水球和空心小钢球组成的新球体的固有频率比施加的外力频率大,很难发生共振,因此新球体再受到同样的驱动力后,振动幅度就小,就像变"懒"了一样。

做完了这个实验,刘洋老师布置了一个课后作业,让同学们思考水球变"懒"在生活中有哪些应用。共振现象其实在我们生活中非常常见,古时候的人们就发明了各种各样的共鸣器。在《墨子·备穴》中就有这样的记载:当时各诸侯国交战时,都会利用坚固的城墙进行防守,进攻方为了攻破城墙,会采取挖地道的方法,防守方为了侦察对手有没有挖地道,就发明了共鸣器。这种共鸣器是一只容量大约为80 L的陶瓮,瓮口还蒙上了皮革。人们把陶瓮放在离城墙不远的深坑里,选一个听觉灵敏的人伏在瓮口上静听。如果瓮里发出"嗡嗡"的声音,人们就能知道有敌人在挖地道,而且还可以根据瓮里发出声音的大小、粗细、长短等特征,判断敌人所在的方位和距离。可见,中国古人很早就发现了声音共振的现象,并将它应用于实践之中。但不是所有的共振都是有利的,例如在冰山雪峰间吼叫,将会引起空气振动,很有可能会与部分雪层发生共振,从而引起雪崩。可见,共振具有两重性,我们既要合理利用共振为人类造福,又要防止共振给人类的生产、生活带来危害。

问：　　　地球上的机械时钟和电子时钟在太空中还能使用

吗？重力、辐射、引力等会不会对它们产生影响？

蔡旭哲老师：电子时钟是不存在这个问题的。空间站上所有计算

机里的电子时钟都在正常运转。至于机械时钟是否

还能正常使用，这取决于不同种类机械时钟的工作

原理。某些含有摆锤的机械时钟需要依靠重力来工

作，显然这种机械时钟在太空中是不能正常使用

的。之后随着梦天实验舱进入空间站，我们的空间

站上将会拥有一块特殊的钟表，叫作冷原子时钟。

其实在之前的天宫二号上，我们就已经搭载过冷原

子时钟，当时就实现了约3 000万年误差1秒的超高

精度。这次要安装的冷原子时钟将会更加先进，有

望超过上次冷原子时钟的纪录，达到每50亿年误差

1秒的超高精度！

知识链接——振幅与频率

　　振动的幅度叫作振幅。振动的快慢常用每秒振动的次数——频率表示。频率的单位是赫兹，简称"赫"，符号为 Hz。例如，某人的脉搏是每分钟 72 次，合每秒 1.2 次，因此频率就是 1.2 Hz。

　　（知识点详见江苏凤凰科学技术出版社义务教育教科书《物理·八年级·上册》）

5.4 "象鼻"饮水：液体压强实验

　　用两米长的饮水管能喝到水吗？

　　刘洋老师用亲身行动告诉我们，能！

　　在全世界观众的共同见证下，刘洋老师在问天实验舱内通过两米长的饮水管，轻轻松松地喝到了袋子里的果汁。而地面课堂的同学们，拼尽了全力却一口也没有喝到。

　　为什么在地面上，吸管越长就越难喝到水呢？这是由于压强的原因，吸管内液体的压强＝液体密度×重力加速度×液面竖直高度。当我们使用长吸管喝水时，液柱高度越高，吸管内液体的压强越大，所需的吮吸力也就越大。如果吸管内的液体压强大于我们的最大吮吸力，那么我们就无法通过这根吸管喝到水。而在问天实验舱内，因为处于微重力环境条件下，有效重力加速度几

高度h上升,气压差上升

 吸管喝水原理图

乎为零,饮水管内的液体也几乎不存在压强,因此刘洋老师能够很轻松地通过两米长的饮水管喝到袋子里的果汁。

天宫问答

问: 在太空中种植,植物能接受充足的光照吗? 这个照明是舱内提供的灯具的造影还是太空中的自然光呢?

刘洋老师: 在我们的问天舱里,植物是在实验柜中培养的,无法接受太阳光的照射。不过,我们的实验柜里配备了人工光源。通过调控光源的强度和光谱,我们就可以为植物提供充足的光照,满足它们生长发育的需求。同时,科学家们还可以根据不同植物生长对光的不同要求来设计相应的光照条件。我们相信,随着技术的不断进步,或许就在不远的将来,我们就可以直接利用自然光来培育植物了呢!

知识链接——阿基米德原理

　　古希腊学者阿基米德通过实验和理论研究得出了有关浮力大小的原理：浸在液体中的物体所受的浮力，大小等于被物体排开的液体所受的重力，即 $F_浮=G_{排液}$。人们称之为阿基米德原理。因为 $G_{排液}=m_{排液}g=\rho_液V_{排液}g$，所以 $F_浮=\rho_液V_{排液}g$。这也表明，物体排开液体的体积越大、液体的密度越大，物体所受的浮力就越大。

● 阿基米德原理

　　（知识点详见江苏凤凰科学技术出版社义务教育教科书《物理·八年级·下册》）

5.5 "调皮"的扳手：扳手旋转实验

　　在陈冬老师手上，空间站最常用的工具"T"形扳手围绕着不同的中轴线旋转，其旋转方式和形态发生了翻天覆地的变化。细长的"T"形扳手左右旋转时，其不容易调头，但在上下旋转时却容易调头。这就是著名的贾尼别科夫效应。

那什么是贾尼别科夫效应呢？该效应最初是在1985年由苏联航天员弗拉基米尔·贾尼别科夫在空间站中偶然发现的。他发现在太空的微重力环境之下，蝶形螺母会周期性地翻转，具体来说就是，蝶形螺母绕着自身的一条主轴旋转，它的主轴是不稳定的，会发生180°的周期性翻转。

但在弗拉基米尔·贾尼别科夫第一次发现这个现象时，苏联当局还刻意严守这个秘密，认为这个现象蕴藏着毁灭地球的秘密。一个物体在没有外力影响下，竟然会自己翻转，试想一下如果地球也像这个螺母一样，不断翻转，那么对于地球上的生物无疑是灭顶之灾！

但事实真的如此吗？直到6年后的1991年，一篇名叫"扭转的网球拍"的文章解释了该现象，刚体的旋转方式和它的分布质量有关，一个刚体绕着它转动惯量最大的主轴（第一主轴），或转动惯量最小的主轴（第三主轴）旋转时是稳定的，而绕着中间轴（第二主轴）旋转时则是不稳定的，这就是著名的贾尼别科夫定理。定理中的转动惯量是用来描述刚体绕轴转动时惯性的量度，也可以形象地理解为一个物体对于旋转运动的惯性。然而由于地球的自身结构，在高温高压的地壳内部，存在着大量的液态岩浆再加上月球引力的存在，地球只能沿着转动惯量最大的那根旋转轴进行旋转，不会出现两极突然翻转的现象。因此，同学们不用担心贾尼别科夫效应会导致地球毁灭。

天宫
问答

问：　　　　植物在太空中的生长周期与地球上相同吗？

蔡旭哲老师：太空微重力环境对植物生长发育的很多方面都会产
　　　　　　生影响。科学家通过前期的多项空间实验就已发
　　　　　　现,太空微重力环境可能会引起很多植物在太空中
　　　　　　的生长周期发生变化。比如,陈冬老师他们在天宫
　　　　　　二号工作和生活期间,种植的生菜和地面的生长周
　　　　　　期都差不太多;而同样是一起带去的拟南芥,生长得
　　　　　　就比地面缓慢。但与在地球上不同的是,这些拟南芥
　　　　　　存活的时间更长。其实不仅是航天员,对于进入太
　　　　　　空失重环境的植物来说,它们也会出现各种各样的
　　　　　　"太空综合征"。在我们执行的本次任务中,太空水
　　　　　　稻就出现了"方向乱""吐水多""开花晚"等"症状"。

知识链接——角速度

　　　　自行车前进时,因为链条不可伸长,也不会脱离齿
轮打滑,所以大、小边缘的点在相同时间内通过的弧长
是相等的,即线速度大小相等。但同时也可注意到,由

于两个齿轮的半径不同,相等时间内它们转过的角度不同。我们引入角速度这个物理量来描述做圆周运动的物体绕圆心转动的快慢。物体在 Δt 时间内由 A 转动到 B。半径 OA 在这段时间内转过的角 $\Delta\theta$ 与所用时间 Δt 之比叫作角速度,用符号 ω 表示,即 $\omega = \dfrac{\Delta\theta}{\Delta t}$。

（知识点详见人民教育出版社普通高中教科书《物理·必修·第二册》）

5.6 太空萌芽:植物生长研究项目

还记得之前被带上太空的植物种子吗,它们都生长得怎么样了？怀揣着这个疑问,航天员老师们开始为我们解答了。首先陈冬老师展示了在问天实验舱里种植的生菜和小麦,并且表示生菜美味极了！看来陈冬老师可没少吃啊,同学们是否也想知道太空里长出的生菜是什么味道呢？接着陈冬老师戴上了中国空间站里首个混合现实ＭＲ眼镜,在空间站直播采集拟南芥样本。随后刘洋老师向我们展示了种植的水稻样品,经过70多天的培育,水稻已经从种子生长成植株。在刚刚萌发的水稻叶尖上,"吐"出了一个晶莹的小水滴,这是水稻的吐水现象,并且在微重力环境下更容易观察到这种现象。

那么,为什么水稻会出现吐水现象呢？这就要了解一下吐水现象形成的原因。吐水现象又称"滴泌现象",往往发生在植物的

生长期夜晚。由于晚上叶片上的气孔一般是关闭的,植物蒸腾作用变弱,但植物根系仍然源源不断地吸水,这就造成了植物体内水分吸入量大于蒸发消耗量,为了保持植株体内水分平衡,多余的水分就从叶尖或叶子边缘的水孔排出,形成水珠。因此在太空中,当水稻吸收的水分大于它蒸腾作用消耗的量,就会出现吐水现象,生长盒壁上的水珠就是这样来的。或许某一天阳光明媚的清晨,我们看见植物叶片边缘挂满了水珠,那可能不是露水,而是植物"吐出的水珠"!

植物的吐水现象

同学们有没有想过为什么要如此费时费力地在太空中种植水稻和拟南芥呢?这其实是科学家们希望实验能解答三个关键问题:微重力怎样影响开花?微重力影响植物开花的分子机理是什么?能否利用微重力环境作用来控制植物的开花?水稻和拟南芥是两种代表性的模式植物,前者代表单子叶作物,后者代表双子叶作物,通过在微重力环境下种植水稻和拟南芥,能得到科学家们想要知道的关键点。或许在不久的将来,我们能够在月球甚至在火星收获自己种植的粮食,实现袁隆平院士的"禾下乘凉梦"。

问: 太空里没有上下左右,也感受不到重力,那为什么拟南芥和水稻的根能够往下生长,在土壤盒的土壤里扎根呢?

陈冬老师: 这是因为植物在生长时具有向地性和向水性两个特点。总的来说,地球上的生物都会受到地球引力影响。对于植物而言,它们总是会垂直于地面生长,即使我们将植物横向放置,也会出现茎向上弯曲、根向下弯曲的情况。我们把这种现象称作向地性。但是在微重力环境下,植物不受重力的束缚,它的根系却依旧扎根在土壤中,这又是为什么呢? 这当然就与植物的另一个特性——向水性有关了。出于生长的需要,植物的根系总是朝着阴湿、存在水源的地方生长。在地球上,土壤中一般都会含有水分,因此植物的根系就牢牢地扎根土壤中。在缺少重力的条件下,太空中的植物根茎会缺失"方向感",不能够整齐

地朝着一个方向生长,所以看起来会比较凌乱。

知识链接——植物的蒸腾作用

水分从活的植物体表面以水蒸气状态散失到大气中的过程,叫作蒸腾作用。蒸腾作用主要是通过叶片进行的。

植物吸收的水分,通过根、茎、叶中的导管运送到叶肉细胞,其中的一部分被叶肉细胞用于光合作用等生命活动,其余的绝大部分通过蒸腾作用散失到环境中。植物通过蒸腾作用,一方面可以拉动水分与无机盐在体内的运输,保证各组织器官对水和无机盐的需要;另一方面在炎热的夏天,通过蒸腾作用能降低叶片表面的温度,避免植物因气温过高而被灼伤。

(知识点详见人民教育出版社义务教育教科书《生物学·七年级·上册》)

第6章
『天宫课堂』第四课

　　2023年9月21日15时45分，"天宫课堂"第四课正式开讲。
同学们知道本次的开课时间为什么选在9月21日吗？这背后其
实意味深长。选在这一天是为了纪念1992年9月21日，中国载人
航天工程正式立项，代号"921工程"，它是我国空间科学实验的重
大战略工程之一，同时也是我国航天史上的里程碑！这次景海
鹏、朱杨柱、桂海潮3名航天员将介绍中国空间站的"新成员"——
梦天实验舱的工作生活场景，演示球形火焰实验、奇妙"乒乓球"
实验、动量守恒实验以及又见陀螺实验。就让我们一起走进这
"崭新"的课堂，探寻第四课中的奥妙所在吧！

6.1 实验大本营：梦天实验舱介绍

梦天实验舱是中国空间站继问天实验舱之后的第二个科学实验舱。但与之不同的是，梦天实验舱并不需要承担睡眠、卫生和储藏的任务。因此，梦天实验舱提供了空间站里最多的科学实验设备。下面就让我们一起到梦天实验舱的内部看看吧。

朱杨柱老师首先介绍的是梦天实验舱的平台设备区。该区域从外面看，都是由一个个方格子构成，而这些方格子的后面其实放置了很多支撑梦天实验舱正常运行的设施设备，它们的共同运行保证了梦天实验舱舒适的工作环境，同时还为实验设备的运行提供了必要的电、热和气的支持。

接下来就到了梦天实验舱中最核心的部分：实验载荷区域。这里是航天员们开展日常研究的主要"阵地"，进行流体物理、材料科学、燃烧科学等领域的基础研究，同时还有一些相关领域的前沿问题。但在这里面进行实验，并不是直接在梦天实验舱内进行实验哦，而是根据实验的具体划分，将相应的仪器装进一个个"大柜子"，也就是我们前面提到的科学实验柜，形成一个个组块。这也有助于各个实验互不干扰，更高效地进行。那到底有哪些科学实验柜呢？

其中一个实验柜，它可是号称"太空炼丹炉"呢！不过里面炼制的并不是丹药，而是一些特殊的高温材料。科学家们想借助太空中的特殊环境,改变之前地面上的实验条件,借此来创造出一些新型材料。还有一个实验柜,是号称"世界上最冷的地方",它能够利用太空中的微重力环境,创造出无限接近绝对零度的环境,而在绝对零度下,构成物质的分子和原子就不会再运动了。物质在无限接近绝对零度以后会有什么样的性质,也是科学家们不断探求的目标之一。此外,还有两相系统实验柜、高精度时频实验柜、流体物理实验柜、燃烧科学实验柜、航天基础实验柜等各具特色的实验柜,这些柜子背后涉及的更高层次的物理知识,也等待着同学们去积极探索! 而且看到如此多精良神秘的实验柜,同学们是不是也有了跃跃欲试去做实验的冲动呢?

知识链接——温标与热力学温度

如果要定量地描述温度,就必须有一套方法,这套方法就是温标。确定一个温标时,首先要选择一种测温物质,根据这种物质的某个特性来制造温度计。例如,可以根据水银的热膨胀来制造水银温度计,这时我们规定细管中水银柱的高度与温度的关系是线性关系。确定了测温物质和它用以测温的某种性质之后,还要确定温度的零点和分度的方法。例如,摄氏温标曾经规定,标准大气压下冰的熔点为0℃,水的沸点为100℃;并据此把玻璃管上0℃刻度与100℃刻度之间均匀分成100等份,每份算作1℃。

现代科学中用得更多的是热力学温标。热力学温标表示的温度叫作热力学温度,它是国际单位制中7个基本物理量之一,用符号T表示,单位是开尔文,符号为K。1960年,国际计量大会确定了摄氏温标与热力学温标的关系:摄氏温标由热力学温标导出,摄氏温标所确定的温度用t表示,它与热力学温度T的关系是$T = t + 273.15$ K。而我们常说的绝对零度是热力学温度为零度,即$t = -273.15$ ℃。

（知识点详见人民教育出版社普通高中教科书《物理·选择性必修·第三册》）

6.2 浮力对流的奥秘：球形火焰实验

不知道大家是否观察过,我们在地面上时,无论在哪里竖直点火,火焰都会呈现一个"底部宽、顶部尖"的锥形。那如果在空间站的微重力环境中点火,火焰的形状与地面上的还会一样吗?

桂海潮老师接下来进行的实验就可以解决我们心中的疑惑,桂老师在空间站中点燃蜡烛,与地面上的老师点燃的蜡烛形成对照。我们可以很明显地看到,空间站中蜡烛的火焰呈近似球形,而在地面上,竖直状态下蜡烛的火焰呈锥形。为什么会有这样的差别呢? 这是因为,在地面上蜡烛燃烧时,火焰周围的空气受热膨胀向上运动,外围的冷空气则向下运动,形成浮力对流。而火焰周围的热空气在上升流动的过程中,会慢慢在火焰的顶端汇聚,从而形成火焰的"尖端"。但在空间站中,由于微重力的影响,燃烧后的气体不会全部向上运动,而是向着各个方向运动,因此火焰旁的浮力对流非常弱,导致空气流动汇聚得很少。所以在空间站进行实验,我们看到的火焰更贴近于"球形",而不是地面上的"锥形"。

此外,同学们还可以发现空间站中的火焰颜色与地面上的火焰颜色相比,会更偏蓝色。当燃烧温度低时,火焰才会呈偏蓝色;当燃烧温度高时,火焰会偏黄色。我们上文提到空间站中浮力对流十分微弱,所以火焰周围参与燃烧的氧气少,因此蜡烛的燃烧不充分,火焰燃烧温度也会更低一些,火焰偏蓝色。而地面上的火焰燃烧温度高,偏黄色。

天宫
问答

问: 空间站上能看见太空垃圾吗? 针对太空垃圾,空间站采取了哪些防护措施?

景海鹏老师:我们通常把太空垃圾叫作太空碎片,或者叫作空间碎片。首先它们确实存在,而且还不少,对我们空间站的危害也不小。其实和大家一样,我们也非常好奇,经常通过空间站的舷窗去看,甚至还用望远镜去

找,但是到目前为止,还没有发现太空垃圾的踪迹。不过我们的科技人员会利用科技手段时刻盯着它们的一举一动,一旦对空间站有威胁,我们就会采取相应的措施,比如说通过轨道机动等,进行主动规避。同时,我们空间站还有一些特殊的防护装备,就好像穿了一副铠甲一样,即使碰到空间碎片我们也会安然无恙。

知识链接——城市热岛环流

　　城市中心区建筑密集,地面多硬化,吸收太阳辐射多,向大气传送的热量也多。此外,城市中心区人口密集,产业发达,汽车数量多,人们生活、生产向大气释放的废热较多。所以,在静风或微风时,城市中心区气温一般比周围的郊区高,因此把城市中心区称为"热岛"。

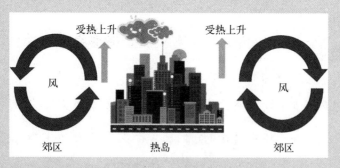

城市热岛环流示意图

城市中心区与郊区之间的温度差异,导致空气在城市中心区上升,在郊区下沉;高空气流由中心区流向郊区,近地面气流由郊区流向城市中心区。于是,城市中心区与郊区之间形成热力环流,这种热力环流称为"城市热岛环流"。城市规划时,一般把污染风险较大的工业企业布局在城市热岛环流的范围之外,避免这些工业企业排出的大气污染物,随城市热岛环流从近地面流向城市中心区。

（知识点详见人民教育出版社普通高中教科书《地理·必修·第一册》）

6.3 太空之中秀球技：奇妙"乒乓球"实验

水是我们日常生活中最简便的实验对象之一,同样也是天宫课堂的"常驻嘉宾",所以本次课堂上自然少不了与水相关的实验。而大家从实验名称可以看出,"乒乓球"三个字打上了引号,可见绝对不是普通的乒乓球。联系我们之前在第一课、第二课中学到"水的表面张力"这个知识点,我们知道水在空间站中都是以球状的形式出现的,这里的"乒乓球",实际上就是水球。

那我们该怎样在空间站中,像打乒乓球一样打水球呢？

首先,桂海潮老师尝试用手里的普通乒乓球拍去击打水球。然而,水直接沾到了球拍的表面,并没有让水球像乒乓球一样弹

开。这时朱杨柱老师过来了，他手里拿着一个白色的球拍，这个球拍有哪里不同呢？其核心就在于朱杨柱老师在球拍表面包裹了大家运动擦汗用的干毛巾。大家会觉得，那水球肯定会被毛巾吸收呀，何谈打"乒乓球"呢？但神奇的现象发生了，水体在碰到干毛巾包裹的球拍时并没有被毛巾吸收，也没有沾到毛巾表面，而是像乒乓球一样弹开了！就这样，两位老师你来我往地打起了"水球版"乒乓球比赛。那么问题来了，为什么用来擦汗的干毛巾并不吸水甚至能将水球弹开，而普通的乒乓球拍就不行呢？

这是因为除表面张力使水球不容易破裂之外，我们毛巾的表面还布满了疏水的微绒毛，这些微绒毛形成了微纳结构，有很好的疏水性能，水分子在接触时并不会被吸收，而会被疏水的微纳结构抵制在外。问题又来了，干毛巾表面既然有疏水性，为什么又可以吸汗吸水呢？这是因为大家在擦汗或吸水时进行了挤压，将水压到了微绒毛下面的纤维缝隙之中，被里面的纤维吸收了。

在我们日常的生活之中，实验里体现的疏水结构以及其背后的应用处理工艺在我们纺织工业领域非常常见，大家穿的冲锋衣、速干衣都用了这种处理工艺。在大自然中，有部分植物的叶子表面也具有类似的微小的疏水结构，这有助于雨水和露水从叶子表面快速滚落，防止过多的水分阻碍光合作用。

天宫
问答

问： 在空间站看到的太阳与地球有何不同？

朱杨柱老师：在空间站里看地球，因为我们站得比较高，有400千米，所以我们看到的地球确实是圆的，而且比在飞机上看到的更加辽阔、更加壮观。另外，我发现在天上看到的云似乎都是雪白雪白的。而我们在地面上看，会有白云，会有乌云，还有各种彩云等。在空间站里看太阳，不敢看也不能直接去看，因为没有了大气层的遮挡，阳光变得特别的耀眼，特别的强烈，比在地面强很多。我们在出舱活动的时候，如果是阳照区，必须使用特殊的防护面窗，也就是戴上一个墨镜，防止我们的眼睛被灼伤。

知识链接——小球转动大球的"乒乓外交"

　　美国总统尼克松在一份对外报告中说，如果没有中国这个拥有7亿多人民的国家出力量，要建立稳定和持久的国际秩序是不可设想的。此时，美国再也不能不承认中华人民共和国的发展和在国际事务中的作用

了。中国对美国改善中美关系的表示,作出了积极的反应。1971年,美国乒乓球代表团正式访问中国,这是新中国成立以来第一个访问中国的美国代表团。"小球转动大球"的"乒乓外交"轰动了世界。

（知识点详见人民教育出版社义务教育教科书《中国历史·八年级·下册》）

6.4 狭路相逢谁者胜：动量守恒实验

不知道同学们有没有听说过动量守恒这个物理学定律呢？它主要是描述物体质量和速度是如何影响其运动的一个规律。在我们生活中也有很多体现,例如汽车里面的安全气囊和碰撞缓冲装置、高速列车的设计、飞机和航天器的设计等。在地面上时,老师为了演示动量守恒定律,往往需要借助气垫导轨等辅助工具,来尽量减少重力等因素的影响。但在空间站的微重力环境下,我们可以用更简单、更直接的方法演示动量守恒定律。

首先,朱杨柱老师准备了一个一米见方的标准网格布,上面布满了相同大小的小方格,这些小方格是用来衡量钢球的运动轨迹是否是一条直线的。接着,朱杨柱老师拿出一个500克的钢球,把它放到网格布前方。然后,桂海潮老师又拿了一个一模一样的钢球,准备抛出手中的球去水平碰撞静止的球,在空间站里验证动量守恒定律。

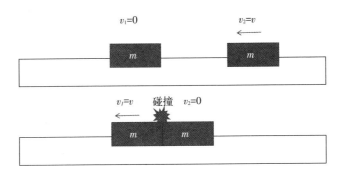

$$v_1=0 \qquad v_2=v$$

m \qquad m

$$v_1=v \quad 碰撞 \quad v_2=0$$

m \quad m

相同的两个物体发生水平碰撞

结果两个球碰撞之后,运动的球静止在原地,而原本静止的球开始运动,两球之间产生了速度交换,完全符合地面上的实验规律。接下来,两位老师又分别演示了100克的小钢球水平撞向500克的大钢球,以及500克的大钢球水平撞向100克的小钢球。最后出现的实验现象都与地面上的碰撞现象相同,并且都满足动量守恒定律。

因此我们可以发现,动量是物体本身的一种属性,只与其自身的质量和速度有关,与所处环境无关;物体的动量并不会因为处于微重力环境中就发生改变。这个实验的现象是简单的,但背后的象征意义却是值得我们思考的,当年提出动量守恒定律的物理学家们,并没有我们如今这样理想的实验条件,他们依靠缜密的逻辑和简单的实验设备,推动了物理学不断向前发展,让我们今天能够在空间站里为大家演示这样一个经典的物理定律。我们在向大师们致敬的同时,也要学习其积极探索、不畏艰难、严谨治学的优秀意志品质。

天宫
问答

问：　　　如何判断空间站的姿态和轨道变化？

桂海潮老师：空间站在太空当中飞行不像汽车在路上有路标可以
　　　　　参考,但是我们的空间站上有特殊的敏感器,比如地
　　　　　球敏感器、太阳敏感器等,这些敏感器就像一双双敏
　　　　　锐的眼睛,可以准确地测量地球、太阳、恒星的方向,
　　　　　从而可以确定空间站的姿态。在地面大家打开手机
　　　　　就可以用北斗来定位,我们的空间站上也装了北斗
　　　　　定位设备,用来确定空间站当前的轨道位置。此外,
　　　　　空间站在太空当中的飞行是有特定规律的,这个规
　　　　　律就是轨道力学,用轨道力学的方法,我们不仅可以
　　　　　知道空间站现在在哪儿,还能预告出它接下来要飞
　　　　　到哪儿,航天员只需要打开仪表,空间站所有的信息
　　　　　就都一目了然了。

知识链接——动量定理的应用

　　根据动量定理,我们知道:如果物体的动量发生的变化是一定的,那么作用的时间短,物体受到的力就大;作用的时间长,物体受到的力就小。例如,玻璃杯落在坚硬的地面上会破碎,落在地毯上不会破碎,用动量定理可以很好地解释此现象。从同样的高度落到地面或地毯上时,在与地面或地毯的相互作用中,两种情况下动量的变化量相等,地面或地毯对杯子的力的冲量也相等。但是坚硬的地面与杯子的作用时间短,作用力会大些,杯子易破碎;柔软的地毯与杯子的作用时间较长,作用力会小些,杯子不易破碎。易碎物品运输时要用柔软材料包装,跳高时运动员要落在软垫上,就是这个道理。

　　同样地,还有汽车的设计。汽车碰撞时产生的冲击力不仅很大,而且很复杂。在碰撞瞬间,冲击力与碰撞的速度、相撞双方的质量分布、接触位置的形状等因素有关。研究人员可以在汽车碰撞试验中评估计算人体相应部位所受冲击力的大小。根据这些结果,汽车厂家可以改进车辆的结构设计,增加乘员保护装置,使我们乘坐的汽车越来越安全。

　　(知识点详见人民教育出版社普通高中教科书《物理·选择性必修·第一册》)

6.5 四两拨千斤：又见陀螺实验

相信大家都对之前王亚平老师演示的陀螺旋转实验、叶光富老师的太空转身实验以及陈冬老师手上"调皮"的扳手印象深刻。而这三个实验，均不约而同地涉及一个相同的知识点——角动量守恒。我们今天的又见陀螺实验，也与角动量守恒密切相关。

受第一课中叶光富老师转动手臂实现转身的启发，桂海潮老师准备用一个陀螺来做转身，他用两个实验相互对照。首先是第一个实验，当陀螺静止没有转起来时，桂海潮老师握住陀螺的两侧，在改变陀螺方向的过程中，我们可以看见他的身体姿态并没有发生明显改变。接下来的第二个实验中，陀螺开始自转，这时桂海潮老师握住陀螺并且改变陀螺的左右方向，桂海潮老师也相对应地发生了转身。这背后的原理是什么呢？

我们知道力矩是物体角动量发生改变的原因。在第一个演示当中，陀螺静止没有转动，它的角动量为零，所以改变陀螺方向的时候，它的角动量和老师自身的角动量基本不变。而在第二个演示当中，陀螺快速自转，具有了比较大的角动量，这时老师改变陀螺方向，陀螺的角动量就产生了显著变化，相应地，陀螺对老师的手就产生了比较大的反作用力矩，这个力矩也让老师自身角动量发生了改变，从而使老师实现了转身。

既然本实验与之前的知识点相似，那这次实验的目的是什么呢？其实呀,这次实验是之前实验的延伸和实际运用领域的拓展。我们的天宫空间站就是用了同样的原理在太空当中实现"转身"的。同学们可以把老师的身体想象成空间站,把老师的两只手和手中的陀螺看作空间站上使用的一种特殊装置,我们称之为"控制力矩陀螺"。控制力矩陀螺高速自转,具有非常大的角动量,当改变控制力矩陀螺方向的时候,它就会对空间站施加很大的反作用力矩,从而改变空间站的姿态。这就是我们空间站在太空中改变姿态的原理,航天员老师以一种非常形象的,且只能在太空中演示的方式告诉了大家这背后的原理。而这也启发我们,不能只将知识停留在表面,要学会透过现象看本质,发掘现象背后的原理及其应用。

问： 如何对抗失重对人体的不利影响?

朱杨柱老师：我们的科研人员帮我们精心设计了各种有效的防护
措施和方法,比如我们穿的企鹅服、梯度加压裤等。
另外,我们每天进行体育锻炼,大的设备有太空跑
台、太空自行车等,小的设备有拉力器、握力器、呼吸
锻炼器等。这些设备都可以让我们有效地防止肌肉
萎缩和骨丢失,对抗失重带来的不利影响。

知识链接——牛顿第三定律

力是物体对物体的作用。只要谈到力,就一定存在着施力物体和受力物体。观察和实验的结果表明,两个物体之间的作用总是相互的。当一个物体对另一个物体施加了力,后一个物体一定同时对前一个物体也施加了力。物体间相互作用的这一对力,通常叫作作用力和反作用力。作用力和反作用力总是互相依赖、同时存在的。我们可以把其中任何一个力叫作作用力,另一个力叫作反作用力。

牛顿经过研究给出了牛顿第三定律:两个物体之间的作用力和反作用力总是大小相等,方向相反,作用在同一条直线上。

(知识点详见人民教育出版社普通高中教科书《物理·必修·第一册》)

第
7
章

跨越星球：祝融探火

"天何所沓？十二焉分？日月安属？列星安陈？"两千多年前，屈原在《天问》中这样发问，感慨于宇宙之浩大与时间的渺茫。中国人对宇宙的展望与好奇从未停歇过，从抬头望天到深入其中，千年后的今天，一群工业巨匠将先辈们的幻想化为现实。飞出地球，漫游宇宙，一览瑰丽星球，中国行星探测任务"天问系列"从火星开始。

7.1 揽星问天：天问一号火星探测器

2020 年 7 月 23 日 12 时 41 分，随着熊熊火焰的燃烧与响彻天穹的巨响，长征五号遥四运载火箭搭载天问一号火星探测器在海

南文昌发射场发射升空。2021年5月15日7时18分,经过近300天的飞行,天问一号着陆巡视器成功着陆于火星乌托邦平原南部预选着陆区,中国首次火星探测任务着陆火星取得圆满成功。

本次我国的火星探测通过一次发射实现环绕、着陆和巡视,对火星开展全球性、综合性的环绕探测,并对局部地区开展巡视探测,这在世界火星探测史上是前所未有的。其中"环绕"的环节主要由环绕器负责,环绕探测是火星探测的主要方式之一,也是行星探测开始阶段的首选方式。环绕器通过完成从地火转移轨道到环火轨道调整等任务段的姿态及轨道控制,达到轨道机动所需速度增量,最终进入标称任务轨道。在这期间,环绕器还要采集火星数据并为巡视器提供与地球的数据中继服务。"着陆"的环节由着陆巡视组合体负责,其任务是按照预设姿态进入火星大气,利用降落伞和反推火箭经过多级减速后保护巡视器安全着陆到火星表面。最后的"巡视"环节将由火星车祝融号负责,进行火星地形地貌和地质构造探测,火星土壤结构(剖面)探测和水冰探查,火星表面元素、矿物和岩石类型探查,以及火星大气物理特征与表面环境探测。形象地说,就是由国家航天局组织研制的环绕器、着陆器和巡视器"组团"去火星。

截至2023年3月,天问一号环绕器正进行环火星探测,祝融号火星车已累计行驶1 900余米,已完成既定科学探测任务,获取大量原始科学数据。科学研究团队通过对中国自主获取的一手科学数据的研究,获得了丰富的科学成果,包括着陆区的凹锥、壁垒撞击坑、沟槽等典型地貌,板块硬壳岩石中的水矿物,以及现今火星浅表精细结构和物性特征,为进一步研究火星地质演化与环境、气候变迁提供了重要依据。

按照中国行星探测工程的整体规划,到2030年前后,中国将以火星探测为主线,开展小行星探测、火星取样返回和木星系探测等任务。但火星取样返回并非易事,目前尚未有国家成功实践过。从地球飞向火星,飞行器需要使飞行速度大于地球的第二宇宙速度,这样才能摆脱地球的束缚。每一个星球的逃逸速度都与自身的星球质量有关,火星的质量约为地球的0.11倍,逃逸速度约为5千米/秒,若仅考虑速度因素,离开火星比离开地球容易得多。但飞离火星要考虑多种因素,包括恰当的时机、充足的燃料、稳定的联络、技术的支持等。此外,火星与月球相比,有更大的重力加速度和更稠密的大气层,距离地球更远,宇宙空间环境更复杂,适合往返月球的装备不一定适合往返火星。当前的技术可支持从月球上采集土壤样本并安全返回,但不足以实现让天问一号采集火星土壤样本并安全返回这一目标,未来随着技术发展与国际合作,理想或许会变为现实。

揽星问天,天问一号通过一次发射完成火星环绕、着陆、巡视三大目标,对火星进行了多方位的探测,古人追星揽月,巡天探宇的梦想终由我们来实现。追梦旅途无尽,奋进脚步不止,未来的某一天,我们一定能见到人类站上火星,继续创造新的历史!

知识链接——力的作用是相互的

拳击运动员主动出击,对手被打倒,同时主动出击的拳击运动员手部也会有痛感。操场上,飞来的足球被同学用头顶了出去,同学的头部也很痛,说明足球受力的同时,同学的头也受到了足球的作用。大量的事实说明,一个物体对另一个物体有力的作用时,另一个物体也同时对这个物体有力的作用,即力的作用是相互的。利用力的作用是相互的这一性质,科学家们设计的火箭通过向地面施加推力,反过来,地面也对火箭施加推力,推动火箭上升。

（知识点详见江苏凤凰科学技术出版社义务教育教科书《物理·八年级·下册》）

课外延伸——火星

火星是太阳系八大行星之一,按照距离太阳由近及远的次序为第四颗。肉眼看去,火星是一颗引人注目的火红色星,由于它外表荧荧如火,亮度经常变化,位置也不固定,所以中国古代称火星为"荧惑"。而在古罗马神话中,则把火星比喻为身披盔甲浑身是血的战神"玛尔斯"。火星表面的土壤中含有大量氧化铁,由于长期受紫外线的照射,铁就生成了一层红色和黄色的氧化物。由于火星距离太阳比较远,所接收到的太阳辐射能只有地球的43%,因而地面平均温度比地球低30多摄氏度,昼夜温差可达上百摄氏度。火星的自转和地球十分相似,自转一周为24小时37分22.6秒。火星上的一昼夜比地球上的一昼夜稍长一点。火星公转一周约为687天,火星的一年约等于地球的两年。一直以来,火星都以它与地球的相似而被认为有存在外星生命的可能。近期的科学研究表明目前还不能证明火星上存在生命,相反地,越来越多的迹象表明火星更像是一个荒芜死寂的世界。尽管如此,某些证据仍然向我们指出火星上可能曾经存在过生命。

(知识点详见江苏凤凰教育出版社义务教育教科书《语文·五年级·下册》)

7.2 "火神"在火星:祝融号火星车

中国首次登上火星的火星车被命名为"祝融号",源于中国传统文化中的火神祝融,象征着祖先用火照耀大地,带来光明。祝融号登上火星,意为火神登上火星,寓意点燃中国星际探测的火种,指引人类对浩瀚星空、宇宙未知的接续探索和自我超越。

祝融号由中国自主研发,高达1.85米,宽1.65米,长2米,体重为240千克左右,是玉兔号月球车体重的两倍,身形灵秀,四片太阳能电池翼完全展开后犹如一只张开翅膀的蝴蝶。它的设计寿命为3个火星月,相当于约92个地球日。作为中国第一辆登上火星的火星车,祝融号被寄予厚望,带上火星的装备各有用处。接下来就让我们看看它的主要科学载荷吧!

祝融号火星车主要搭载了6台科学载荷,包括火星表面成分探测仪、多光谱相机、导航地形相机、火星车次表层探测雷达、火星表面磁场探测仪和火星气象测量仪。

祝融号的最上端的两只"眼睛"为导航地形相机,两台导航地形相机中间有台多光谱相机,和人的眼睛一样,位置高,看得远。两台一模一样的导航地形相机负责拍摄广角图片,每台都可以拍摄2 048×2 048的410万像素的彩色方形画面,协同可以形成立体视觉,通过桅杆顶云台旋转拍摄360°环形接片。它们指导火星车的移动并寻找感兴趣的目标,如土壤、岩石和陨坑,结合环绕器上搭载的高分辨率相机,将它们拍摄到的图片进行对比,可以校准火星表面的真实情况,获取3 D立体影像数据,拍摄高清彩色照片,为其他科学载荷寻找感兴趣的探测目标或区域。多光谱相机对着陆点附近的地形地貌进行取样拍照,进行空间分析,利用可见近红外光谱分析,获得岩石、土壤的数据。此外,多光谱相机还能采集白天和黑夜的天空图像,以进行特定的大气、气象和天文研究。

祝融号长长的"脖子"

祝融号火星车

装着火星表面磁场探测仪,负责检测火星表面磁场、火星磁场指数以及火星电离层中的电流。仪器可以随着火星车移动,观测范围更大、更准确;与环绕器上搭载的磁强计协同观测,将对理解火星内部的演变具有极其重要的意义。祝融号展开的"翅膀"与"脖子"之间还有一台仪器,即火星气象测量仪,用于监测火星表面温度、压力和风场等数据,观测它们随着时间和空间的变化情况;还可以通过位于桅杆顶部类似麦克风的装置拾取火星声音,在抵达火星之前,在环火轨道上收集声音和温度的相关数据。

祝融号的头部安装着火星表面成分探测仪,它能对目标发射百万瓦高能激光脉冲,然后通过显微相机观测记录数据。火星表面成分探测仪包括激光诱导击穿光谱技术(本技术将会在后文进行着重介绍)装置、短波红外光谱显微成像仪和微成像相机。激光诱导击穿光谱技术装置向待测岩土发射高能激光,同时收集产生的光谱信号,由通信装置传输至地球进行进一步的分析,获取火星表面的元素成分。短波红外光谱显微成像仪利用分子吸收光谱技术,获取火星上的分子成分,二者的数据相互补充,进行对矿物和岩石的分析与识别,可以大大提升探测的效率。微成像相机可以获取摄像目标的高空间分辨率图像,经过一系列数据处理后传回地球,方便科研人员进行进一步研究。

祝融号的次表层探测雷达分为低频雷达和高频雷达。低频雷达由安装在车体前部两侧的鞭状天线发射,对土壤的探测深度在10米以上,对水冰的探测深度在百米以上。但由于波长较长,

它稍逊于高频雷达,仅能达到米级的分辨率。本次祝融号在火星上进行探测,低频雷达大显神威,探测成像为解决乌托邦平原演化、地下水或地下冰分布等关键科学问题提供了重要素材。高频雷达由安装在车体前部下方的天线发射,波长短,频率高,可以达到厘米级的分辨率,对土壤的探测深度超过3米,对水冰的探测深度超过10米。次表层探测雷达随火星车移动,探测地下物质的大小和分布特征,帮助人们了解火星地下分层结构。

截至2023年3月,祝融号已在火星上行驶1 900多米,它在火星上的一点一滴都牵动着我们的心。火神降火星,天问在问天,人类对浩瀚宇宙的探测永不停歇。

知识链接——地球的磁场与指南针

位于地球表面的一个能在水平面内自由转动的小磁针,静止时,我们发现其N极指北、S极指南,世界各地基本都是如此。这是为什么呢?原来,地球本身是一个巨大的磁体,地球周围空间存在的磁场称为地磁场。地磁N极在地理南极附近,地磁S极在地理北极附近,地磁场的磁感线也是从N极出发,回到S极。水平放置、能自由转动的小磁针之所以在地表附近指向南北,就是因为它受到地磁场作用的缘故。地磁场的磁极与地理两极并不重合,所以磁针所指的方向不是地理的正南、正北方向,而是稍微有点偏离。我国宋代学者沈括(1031—1095)是世界上最早发现这一现象的。

中国是世界上最早有人开始研究磁现象的国家。约公元前4世纪,在《管子》一书中就有关于磁现象的记载。我国古人很早就发现了磁石的指向性,利用这一特殊的性质,在公元4世纪的西晋时期,人们将剪成鱼形的薄铁皮加热到通红,鱼头朝南、鱼尾朝北放入水中快速冷却,经地磁场磁化后,制成了指南鱼。这就是指南针的雏形。后来,人们又找到了用天然磁石摩擦钢针使其磁化的方法,制作了指南针。指南针是我国古代四大发明之一。这一伟大发明使中国的航海事业在15世纪初达到世界最高水平。随后,指南针经阿拉伯传入欧洲,被广泛应用于航海中,开辟了世界性的贸易市场,为人类近代文明和科技发展做出了重大贡献。

基于对地球磁场的认识,科学家们可以推测其他星球的磁场分布特征,以及利用更加先进的技术去探测星球的磁场分布,火星表面磁场探测仪就属于利用更加先进的技术探测火星磁场分布的仪器。

(知识点详见江苏凤凰科学技术出版社义务教育教科书《物理·九年级·下册》)

7.3 "火眼金睛"看火星:LIBS探测技术

在前面的介绍中,我们知道了激光诱导击穿光谱技术,它

的英文全称是"Laser Induced Breakdown Spectroscopy"，缩写为
"LIBS"。它是一种超灵敏的光谱探测技术，用于物质成分的分析。那么，它的原理到底是什么？

要明白LIBS这项高大上技术的原理并非难事，在此之前，我们不妨先来了解一下物质的微观结构。众所周知，所有的物质都是由不同元素的原子构成的，而原子又是由原子核和大量电子构成的。这些电子遵循着不同轨道绕着原子核飞速运行，因为不同轨道上电子的能量不同，这就构成了不同的"能级"。然而，电子的运动情况并不是一成不变的，当受到外界的影响时，它们会在不同能级的轨道间"跳跃"，物理学上称之为"电子跃迁"。当电子从高能级轨道跃迁至低能级轨道时，便会发出一个光子，这个光子的能量正是两个轨道的能量差值。由于光子的波长只跟光子的能量相关，因此不同跃迁情况的电子发出的光子波长也不

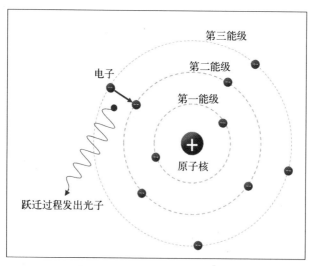

原子结构与电子跃迁示意图

相同。

事实上,不同元素的原子,其电子的轨道和跃迁情况都是完全不同的。因此,某种元素的原子发出的光谱只能是一些特定的数值,同时也成为这种元素专属的特征,就好比指纹一样,与其他元素都截然不同。利用这个特点,我们便可以根据谱线的不同波长情况来确定物质的元素成分,LIBS正是利用了这一点。

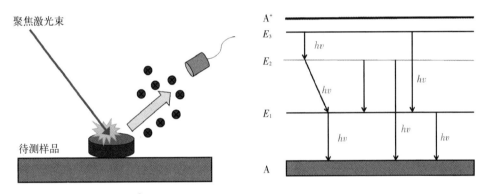

LIBS 的光激发过程和发射光子示意图

理解了元素的光谱"指纹",我们就来看看LIBS到底是什么原理吧。

激光诱导击穿光谱技术中,高能量的脉冲激光束经透镜聚焦至待测的样品表面,由于激光有方向性好和亮度高的特点,聚焦后产生的极高能量会使照射点处的样品激发为等离子体。

什么是等离子体呢? 简单点说,它是由不受原子核束缚的自由电子和带电的离子作为主要成分的一种物质形态。激光照射处的样品被激发为等离子体后,经过一段短暂的弛豫(物理学用

语,指在某一个渐变物理过程中,从某一个状态逐渐地恢复到平衡态的过程),等离子体便会迅速发生膨胀与冷却,其中各种元素的原子与离子将会发射出各种特征波长的光子。光子被光谱仪收集获得光谱,经计算机的处理并与标准谱线数据比对分析后,便可以准确得知被测样品的元素成分了。

南京信息工程大学研制的探测大气污染的LIBS系统

祝融号上搭载的LIBS装置被安装在车辆头部,由于其功能强大,被戏称为"哪里不懂点哪里的激光炮"。探测时,火星车按指令到达预定位置,LIBS装置向待测岩土发射高能激光,同时收集产生的光谱信号,由通信装置传输至地球进行进一步的分析,以获取火星表面的元素成分。

此外,火星车上还搭载了一台短波红外光谱探测仪,二者均为光谱技术,但原理不同。

LIBS基于原子发射光谱技术,用于探测元素成分,而红外光谱基于分子吸收光谱技术,用于获取分子成分。二者的数据相互补充,可大大提升探测的效率。

作为一种超灵敏的光电探测技术，激光诱导击穿光谱技术可以检测固、液、气所有形态的物质。由于其成本低、速度快且不需要样品预处理，它已经在很多领域被广泛应用，空气污染探测、水质监测、海洋探测、碳排放监测、钢材型号鉴别、红木种类鉴别、材料分析、土壤重金属监测、食品安全监测等领域，都有着它的身影。

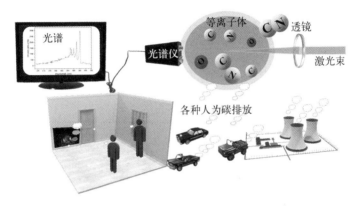

基于LIBS技术的碳排放监测示意图

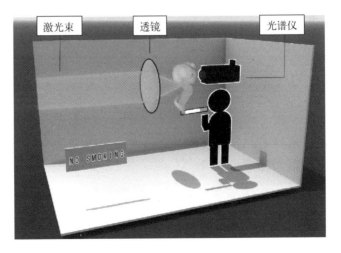

基于LIBS技术的局域空气污染探测示意图

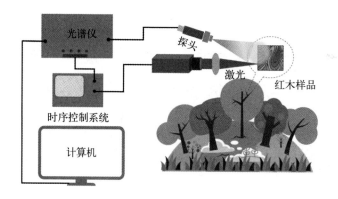

基于LIBS技术的红木种类鉴别示意图

目前,祝融号火星车所在区域已进入冬季,为了安全度过寒冬,祝融号设计了自主休眠的工作模式,在能源降低到一定程度后会自动进入休眠状态,等到环境条件逐渐转好后,再恢复正常工作模式,继续向地球传回宝贵的数据。

相信在未来的某一天,我们一定能踏上火星的土地。

知识链接——原子

本文介绍了原子,那么原子到底是什么呢? 人们对原子的认识又是如何发展的呢? 其实,人类对于物质是由微粒构成的认识由来已久。早在公元前5世纪,古希腊的学者德谟克利特就认为:万物都是由大量的不可分割的微粒构成的,并把这种微粒叫作原子。而我国古代提出"端"的概念,认为它就是物质不能再分的最小单位。但这些原子观念都只是想象出来的,没有经过实验的验证。直到1803年,英国化学家、物理学家道尔顿在科学实验的基础上提出原子说。

原子的体积非常小,其半径大约在 10^{-10} m 数量级,一个原子和一个高尔夫球的体积之比相当于高尔夫球和地球的体积之比。而原子则由原子核和原子核外的电子构成,像一个球体。

(知识点详见北京出版社义务教育教科书《化学·九年级·上册》)

7.4 黑色七分钟:天问一号的独立着陆

2021年5月15日,我国首次火星探测任务天问一号探测器成功在火星预选着陆区乌托邦平原南部降落。在奔赴火星到成功降落的征途中,天问一号需要经过发射段、地火转移段、火星捕获段、火星停泊段、离轨着陆段和科学探测段六个飞行阶段。

而其中离轨着陆段是火星探测任务成败的关键。就是探测器从火星大气层穿越一直到着陆,会经历一段"黑色七分钟",世界上现有的40多次火星探测任务中,飞行器能够安全度过这七分钟的仅有九次。那么这决定成败的七分钟里,探测器要经历什么样的着陆过程呢?

整个离轨着陆过程大致可分为进入—减速—软着陆三步,即EDL(Entry,Descent,Landing)。目前探测器在火星上软着陆的方式主要有三种,其一是气囊弹跳式,技术要求相对简单,采用降落

伞＋气囊弹跳的方式,此前已有的代表是勇气号和机遇号火星探测器;其二是反推着陆腿式,这种方式较为复杂,但是可以满足重量较大的探测器软着陆,采用降落伞＋缓冲发动机＋着陆腿的方式,代表是洞察号、猎犬2号火星探测器等;其三是空中起重机式,这种方式技术最为先进,着陆精度最高,采用降落伞＋缓冲发动机＋空中起重机的方式,携带好奇号火星车的美国"火星科学实验室"就采用这种方式。

天问一号离轨着陆段示意图

本次天问一号的成功着陆采用的就是反推着陆腿式着陆。天问一号通过软着陆的方式降落到火星表面,分为以下几个步骤:在进入大气层后首先借助火星大气进行气动减速,气动减速完成后,天问一号的下降速度也降至原来的10%左右。紧接着天问一号打开降落伞进行伞减速,当速度降至不到100米/秒时,天问一号反推发动机启动,由大气减速阶段进入动力减速阶段,速度降低到1.5米/秒。在距离火星表面100米时,天问一号进入悬停阶段,完成精避障和缓速下降后,在高度2~4米时,反推发动机关机,着陆巡视器在缓冲机构的保护下,平安抵达火星表面。

而本次,天问一号成功在7分钟内从约2万千米/时的速度降至0米/秒。虽然在这之前已有成功登月的经验,但这次天问一号在火星实现软着陆的任务更加艰难。

首先,进入过程中飞行器的速度比较快,进入器有一定尺寸,高速进入中,它与火星的稀薄大气相互挤压,会产生冲击波,冲击波附近的大气和表面的材料会产生电离,即形成离子壳。离子壳会使相移产生变化,导致通信中断或者信号错误,最差的情况下,整个进入过程可能没有交互信号,在地球的工作人员无法操控,只能依靠着陆器自身设定的程序,经历"黑色七分钟"。其次,火星表面存在稀薄的大气,火星大气主要由二氧化碳组成,和地球大气不同,在机理、气动、烧蚀或化学反应等方面存在差异,是科学家们需要攻克的难题;最后,气动减速完成后就是伞减速,伞减速要求的工作条件是超音速、低动压和火星大气低密度,只要看到伞展开,任务基本上就完成了90%。

天问一号的成功着陆离不开每一个环节的完美实现,成功跨越"黑色七分钟"的背后是中国科技力量的不断强大与科研人员的踔厉前行,未来我们对火星的探索也将永不停歇。

知识链接——电磁波

天问一号飞向宇宙,是如何和地球上的科学家们保持联络的呢?事实上,天问一号等探测器利用了电磁波和地球上的人们进行联络。要知道,声波的传播需要介质(例如空气),电磁波的传播也需要介质吗?大家可以开动脑筋想一想,太空中的航天员和火星探测器都能够依靠电磁波和地球上的指挥控制中心进行联络,就能知道电磁波可以在真空中传播。而且电磁波的传播速度和光速一样,都是$3×10^8$米/秒。只是即便电磁波有这么快的传播速度,在广阔的宇宙间,星球与星球间的距离十分遥远,传播信息还是会存在延迟现象,解决这种问题也成为科学家们需攻克的难点之一。本文中提到的"黑色七分钟"就属于这一技术难题,中继卫星技术上,信号的传输需要经过漫长的距离,本次天问一号的着陆信号延迟17分钟左右,这意味着当地球地面控制器接收到探测器和着陆器分离的消息时,着陆器其实已经抵达火星表面10分钟了。因而着陆过程中着陆器面临的任何问题将只能依靠自己解决,按照事先设计好的程序着陆,其困难可想而知。由此可见,天问一号的成功着陆是一件多么困难而幸运的事。

(知识点详见江苏凤凰科学技术出版社义务教育教科书《物理·九年级·下册》)

7.5 飞向乌托邦:我们为什么要探测火星

2021年5月15日,中国首次火星探测任务着陆火星取得圆满成功。那么,我们为什么要探测火星呢?

首先,人类已具备探测的技术和能力。在探测火星之前,人类已经对地球的天然卫星月球开展了许多研究。从1959年人类第一个空间探测器月球1号的成功发射到1969年尼尔·阿姆斯特朗实现人类第一次登陆月球,再到2020年中国嫦娥五号第一次在月球上无人采集样本并返回,探月工程上有了丰富的技术积累;从1964年美国发射的水手4号回传第一张火星表面的照片到1975年"海盗1号"首次成功登陆火星,再到"希望号"探测器成功入轨,火星观测研究上有了卓越进步,我们具备了"离开自己摇篮"的能力。

其次,火星与地球颇为相似。太阳系中,金星和火星是离地球较近的两大行星。而其中金星的自转周期为243天,火星的自转周期为24小时37分22.6秒,显然火星一天的时间与地球更加接近;火星自转轴倾角为25.19°,与地球的自转轴倾角23.44°相似,拥有分明的四季。此外,火星也拥有南极、北极,同样拥有高山、峡谷,同样拥有白云、尘暴和龙卷风,可以说火星是地球的孪生兄弟。

再者,火星有历史上存在生命的可能。一颗星球诞生生命需

要具备以下几个条件:液态水,合适的温度,稳定的大气,距离恒星合适的距离以及适宜的大小和质量。"火星表面有很多古河床,这证明火星以前是有河流的,并且火星的北部还曾经是一片大海洋。"中国科学院院士欧阳自远曾指出,中国要探明整个火星地下水的分布。有液态水曾经存在过的痕迹,就具备了曾经存在生命的条件。

最后,人类已在火星上发现地下卤水湖。什么是地下卤水湖? 高纬度海水结冰后,通常会产生一种温度较低的含盐液体,这种液体通常不易结冰。随着更多的海水结冰,更多的液体沉积在海底,形成一种类似于钟乳石的矿物。随着火星地壳的移动,这些矿物随岩石一起进入更深的岩石层。通常地下温度较高,液体在高温作用下会溶解于水,形成地下卤水湖。此外,火星表面的温度升高还会导致大量海水蒸发,海底流体的盐度会升高。当海水无法溶解多余的盐分时,就会形成晶体,这些晶体会慢慢渗入岩石层。而研究表明,火星表面很久以前就有海洋,地下卤水湖可能同时形成,随着时间的推移逐渐深埋在地下。

火星探测的科学问题主要有三个方面,其一是探测火星上的生命活动信息,其二是对火星本体科学的研究,其三是探讨火星的长期改造与未来大量移民建立人类第二个栖息地的前景。这三大方面总的来说都是为了人类而服务,对火星资源开发与环境利用也是为了缓解人类对地球资源的过度消耗,地球的孪生兄弟火星如今寸草不生,它的过去很有可能是地球的现在,它的现在有可能是地球的未来。探测火星,知晓古今,是为了更好地了解我们身处的宇宙,也是为了人类拥有更美好的家园。

火星的探索是充满惊喜与艰辛的事业,太空探索无止境,伟大梦想不止步!

知识链接——地月系、太阳系与银河系

众所周知,地月系由地球和月球组成。地球是地月系的中心天体,月球围绕地球运动,它是地球唯一的天然卫星,月地平均距离约为38.4万千米。太阳系由太阳、行星及其卫星、小行星、彗星、行星际物质等构成。本文介绍的火星就位于太阳系中,是太阳系八大行星中的一员。太阳是太阳系的中心天体,质量约占整个太阳系质量的99.86%,并以其强大的引力,约束其他天体按照一定的轨道绕着它运转。地球是距离太阳较近的一颗行星,日地平均距离约为1.5亿千米。银河系是由太阳和众多恒星组成的庞大恒星系统。在银河系中,有1 000亿颗以上的恒星。银河系的直径约10万光年,而太阳与银河系中心的距离约3万

光年。

（知识点详见人民教育出版社普通高中教科书《地理·必修·第一册》）

第8章 科幻展望：流浪地球

上映10天，28亿元！这是电影《流浪地球2》在2023年1月令人震惊的票房数据。作为最硬核的国产科幻影视巨作之一，它融合了刘慈欣令人惊叹的故事设定、电影制作的震撼特效和影视工作者的心血，在兔年春节呈现在了全国人民的眼前！

电影《流浪地球2》讲述了在地球陷入太阳膨胀危机的背景下，全球各国同心协力，通过在地球表面安装上万台行星发动机，从而将地球推至新家园的故事。最令观众叹为观止的，除了曲折反转的剧情，必定是剧中的种种先进科技。那么，就让我们一起来揭秘《流浪地球2》中出现的高科技！

8.1 苍穹之外的"天阶"：太空电梯

一座巨型建筑物伸向云霄，在火箭推进器和钢缆的加持下，一台台电梯轿厢腾空而起，以接近10倍的重力加速度冲向太空！这是影片前半部分太空电梯的超燃画面。那么，究竟什么是太空电梯？它的原理又是什么呢？

我们都知道，卫星或飞船需要用火箭以大于第一宇宙速度的条件发射升空，克服地球的引力，从而到达外太空的轨道。然而，这种方式效率低下，不适用于外太空与地球之间频繁的往来，但太空电梯的构想便可以很大程度地解决这一问题。事实上，太空电梯的概念是由著名的火箭科学先驱者齐奥尔科夫斯基提出的。其基本结构是在地球静止轨道上建立超大型的空间站，并在它与地表之间建立超长的钢缆与轨道，太空电梯轿厢便在其中上下运行。所谓地球静止轨道，就是在地球赤道的正上方大约36 000千米高度的天体运行轨道。在这个轨道上，航天器的运行周期可以与地球自转的周期保持相同，这样一来，航天器便可以实时位于地表同一地理位置的正上方。太空电梯的构想，不仅可以高效地实现地表与外太空的物资往来，而且可以大大节约航天成本。

然而，太空电梯的建设目前还停留在构想阶段，问题之一便是材料，因为目前的钢材，甚至是高强度的碳纤维，都无法在数万千米的高度下承受自身的重量,更别说搭载轿厢了。此外,太空电梯的维护和安全性保障也面临着巨大的挑战。但我们始终相信,在未来的某一天,随着科技的发展,太空电梯将成为可能!

知识链接——从日心说到地心说

地球是怎样运动的? 太阳是怎样运动的? 在古人看来,每一天太阳东升西落,斗转星移,一切都是围绕地球活动的,这符合人们最朴素简单的认知。公元2世纪,以古希腊天文学家托勒密为代表的一些学者提出了"地心说",认为地球是宇宙的中心,是静止不动的,太阳、月球以及其他天体都绕地球运动。这种说法得到了教会的支持,在此后的一千多年里,虽然有一些科学家反对这种观点,但大部分人认为地心说是正确的。

16世纪初期,文艺复兴在意大利兴起并扩展到整个欧洲,带来了人文主义思潮和艺术的繁荣,思想得到解放。以波兰天文学家哥白尼为代表的许多科学家对"地心说"提出质疑,并与教会进行不懈斗争。临终前,哥白尼完成并出版了《天体运行论》,创立了"日心说",证明地球在自转的同时还在绕着太阳进行公转。"日心说"沉重打击了封建神权的统治,同时也有许多维护真理的支持者遭到迫害,其中极力支持哥白尼"日心说"的乔尔丹诺·布鲁诺就被宗教裁判所烧死在罗马鲜花广场。

　　真理是不可战胜的,探寻真理的路是坎坷崎岖的,科学家们为了今日的科学成果奉献了青春,甚至付出了生命的代价,许多看似常理的定律背后都经过争议与辩论,科研之路需要强大的心理素质和过硬的专业素养。

　　(知识点详见华东师范大学出版社义务教育教科书《科学·七年级·上册》)

8.2 精密的超算"使者":量子计算机

　　影片中,量子计算机550系列在流浪地球计划中起到了至关重要的作用,从行星发动机的建造到全球互联网的重启,都少不了它的功劳。那么,小小的量子计算机为什么会拥有如此强大的算力呢? 就让我们一起走进量子的世界,一探究竟。

　　对于"量子"的概念,我们似乎并不陌生。事实上,量子计算机的底层原理与现代的电子计算机类似,只不过它是利用量子力学的规律进行高速的数学和逻辑运算。在经典计算机中,一个比特的状态要么是"0",要么是"1",这就是被我们熟知的"二进制",计算机就是用这种方式进行运算的。而在量子计算机中,存在一个"量子比特"的概念,而"量子比特"既可以像经典比特一样为纯态的"0"和"1",也可以是这两个经典比特的"叠加态"。所谓"叠加态",通俗点说,就是它既有一定的概率是"1",也有一定的概率是"0"，在没有确切的结果出现前，可被认为同时是"1"和"0"。那么，一个量子比特就是两个经典比特的叠加态，n个量子比特就可代替2的n次方个经典比特。以此类推，仅要20个量子比特，就可以表示上百万个不同的组合。基于这种算法，量子计算机便可以采用并行运算的方式，大大提高运算的效率。未来的量子计算机，甚至可以达到现有最强计算机算力的上亿倍。

然而，量子计算机的制造却极其困难。例如，如何高保真地读取数据，如何克服周围环境对量子叠加态的影响，如何纠错，等等。此外，超导量子计算机的运行需要极低温的条件，光量子计算机不易被集成化……当这些问题被一项项克服时，我们终究可以掌握量子计算的科技！

知识链接——计算机的二进制

二进制在计算机等数字设备中被广泛应用，其基本规则如下：①二进制的基数为2，两个基本数码是0和1；②采用"逢二进一"的进位规则，例如1 + 1 = 10；③不同的数位对应不同的权值，权值用基数的幂表示。

由于计算机中的操作需要通过二进制来实现，因此计算机中的数值计算就需要将十进制数转换成二进制数。十进制整数转换为二进制数可采用除2反向取余法，即将十进制整数除以2，得到商数和余数，用商数

再除以2,依此类推直到商数为0为止,将每次得到的余数按照逆序排列,即为换算的二进制数的结果。

（知识点详见人民教育出版社、中国地图出版社普通高中教科书《信息技术·必修1》）

8.3 推动地球的"天灯"：行星发动机

"流浪地球"计划是将地球推出太阳系,奔向遥远的新家园。而产生如此巨大推力的来源便是行星发动机。其实,行星发动机是该科幻影视作品中出现的概念,它的原理又是什么呢?

电影中的行星发动机利用真空岩石重聚变技术作为动力源,通过氦-3激发硅原子的重聚变链式反应,从而获得高能高压的等离子流。这股等离子流沿着发动机喷口向指定方向喷射,通过反作用力推动地球前进。那么,到底什么是重聚变技术呢?事实上,"重"指重元素,就是元素周期表中原子序数较大,也就是质量较大的元素。例如,氢的原子序数是1,硅的原子序数是14。"聚变"是核反应的一种,它指的是在极高的温度和压力下,核外电子可以摆脱原子核的束缚,让两个原子核能够互相靠近并碰撞到一起,发生原子核的相互聚合,从而生成原子序数更大的元素,这个过程中将产生极其巨大的能量。

其实,在太阳上,时时刻刻都发生着类似的核反应,只不过太阳上的核反应是"轻核聚变"，是两个氢原子结合成一个氦原子的反应。然而，重聚变的反应条件比轻核聚变苛刻得多，太阳核心的温度高达1 500万摄氏度，而在行星发动机中，却需要数亿摄氏度的温度才能发生重聚变反应。不过，重聚变需要的硅元素来源于地球上随处可见的岩石，利用这种"烧石头"的方式也将更易获得充足的原材料。

知识链接——元素周期表的发现

1869年以前，人们已经发现了63种元素。这些元素之间似乎没有任何联系，好像互不相干。俄国科学家门捷列夫在前人工作的基础上，对元素及其性质进行了系统研究，根据元素的相对原子质量大小将当时发现的所有元素依次排列成一个表格。这就是现代元素周期表的雏形。门捷列夫不仅发现按相对原子质量大小排列元素，元素性质呈现周期性变化，而且大胆地预言还存在一些当时未知的元素，这一预言很快就被接二连三发现的新元素所证实。元素之间这些变化规律的发现是科学史上的一项辉煌成就。它的发现使化学家在认识元素世界的漫长旅程中有了明确的目标。为了纪念门捷列夫的功绩，科学家们把元素周期表中第101号元素命名为"钔"。在20世纪，科学家不仅发现了自然界中存在的大量元素，而且利用核反应堆、加速器等实验手段合成了一系列新的元素，填补了元素

周期表的空白。

（知识点详见人民教育出版社义务教育教科书《化学·九年级·上册》）

8.4 万里外的"指挥家"："领航员号"国际空间站

"领航员号"国际空间站是科学家们为了实施"流浪地球"计划而专门建造的空间站，耗时30年才将其建成。它以10万千米的相对位置伴飞地球，目的是为地球提供预警、领航及通信保障。在现实中，我们已拥有了自己的"天宫"空间站。那么，《流浪地球2》中的"领航员号"国际空间站又有哪些不同之处呢？

"领航员号"国际空间站最大的不同之处，就是它配备了先进的离心重力模拟系统。我们都知道，通常情况下，空间站中的物体和航天员都处于完全失重状态，都呈现"飘浮"的姿态。在我国三次"天宫课堂"的授课中，大家都对此深有体会。失重环境一方面不利于航天员的身体健康，另一方面又严重影响了工作的效率。因此，"领航员号"国际空间站上配备的离心重力模拟系统，可以让空间站的部分绕轴高速旋转，处于其中的航天员便会受到由于圆周运动产生的虚拟力——惯性离心力的作用，这种力会将航天员"压"在空间站的"地面"上。这样一来，航天员便好似获得了地球的重力，可以更加方便、高效地工作。

此外，由于"流浪地球"计划的执行时间长达千年以上，"领航员号"国际空间站中还配备了休眠舱，它可以帮助航天员们进入休眠模式。这种模式指在超低温的环境下，人体仅维持基础的生命体征，新陈代谢的速度也趋近于零，就像将人的生命按下了"暂停键"一样。然而，苏醒后的人体也不会有异常，很快就可以恢复如初。利用休眠舱技术，便可以大大延长航天员的生命。

电影中的国际空间站是众多高科技的结晶，也许在未来的某一天，这样的空间站终将实现！

知识链接——离心运动

本文中提到了惯性离心力，那么什么是离心力呢？生活中，我们会注意到洗衣机脱水时，洗衣桶自身旋转速度非常快，洗衣机里的水滴会向四周散射出去，如果将水滴的轨迹画出来，会发现它们其实是沿圆桶的切线方向飞出。圆周运动中，物体由于惯性总有沿着切线方向飞出去的倾向，物体没有飞出去，是因为有向心力在维持它做圆周运动，使它与圆心的距离保持不变。一旦向心力消失，物体就会沿着切线方向飞出去。若是合力不足以提供所需的向心力，物体虽然不会沿切线飞出去，也会逐渐远离圆心。

这里描述的运动叫作离心运动。离心运动的应用很广泛，洗衣机脱水便是一个典型例子。此外，无缝钢

管的制作,水泥管道和水泥电线杆的制造也采用这种离心制管技术。借助离心机,医务人员还可以从血液中分离出血浆和红细胞。

（知识点详见人民教育出版社普通高中教科书《物理·必修·第二册》）

8.5 超级智慧的"大脑"：人工智能机器人MOSS

"550W听起来不像是个名字,如果把它翻过来,叫MOSS,直译起来是'小苔藓'的意思,是不是更加幽默了呢?"这是影片中人工智能机器人MOSS的经典台词。作为"领航员号"国际空间站的智能主机,它是"流浪地球"计划与"火种"计划的监督者和执行者。

MOSS实际上是一台基于超级量子计算机技术的人工智能机器人,与现代的人工智能不同的是,MOSS不仅具有超强的算力,而且拥有自主意识和学习技能,被称为"强人工智能"。它可以自主学习,自主采集数据分析,甚至自主规划和决策,在某些方面已经远远超过了人类的智慧。

其实,在现实世界中,人工智能的概念早已被提出,我们生活中用的自动驾驶技术、人脸识别技术等,都是源自人工智能技术。"人工智能"的英文为"Artificial Intelligence",简称"AI",人工智能主要是利用计算机来模拟人类的思维,这些拥有"人类思维"

的计算机便可以控制机器，实现智能化，给我们的生活带来极大的便利。

然而，现代的AI技术远没有影片中的MOSS那样智能。科学家们也在努力将超算技术与AI结合，帮助它们能够像人类一样自主地"思考"和"学习"，并且快速做出正确决策。在超级计算机的加持下，我们有望造出像MOSS一样智慧的人工智能机器人，从而给我们的生活带来更大的便利与乐趣！

科学是用来幻想的，有幻想才能有梦想，这就是科幻的力量！《流浪地球2》的成功，将中国的科幻电影事业带上了一个新的巅峰。我们也希望，随着科技的发展、祖国的繁荣富强，中国的电影事业能蒸蒸日上，相信未来的我们也一定能创造出电影中的超级科技！

知识链接——人工智能的应用价值

人工智能是目前发展速度较快、发展前景较广阔的一门新兴技术，具有巨大的应用价值，将会给许多领域带来革命性的变革。人工智能正在极大地改变着社会生产方式、生活方式乃至休闲娱乐方式，它的发展与应用既给人类与社会的全面发展提供了契机，也带来了新的挑战。从宏观的角度来看，人工智能的应用价值主要体现在：①提高社会的智能化程度，实现科学治

理和智慧决策;②影响生产过程和生产方式,将人从部分生产劳动中解放出来;③改变传统的学习和生活方式,成为人类的参谋和助手。

（知识点详见教育科学出版社普通高中教科书《信息技术·选择性必修4》）